KB023823

인류세 쫌 아는 10대

과학
쫌 아는
십대
15

인류세 쫌 아는 10대

인류세가 지구의 마지막 시대가 되지 않으려면

초판 1쇄 발행 2022년 10월 21일
초판 3쇄 발행 2023년 10월 31일

지은이 허정림
펴낸이 홍석
이사 홍성우
인문편집부장 박월
책임 편집 박주혜
편집 조준태
디자인 이혜원
마케팅 이송희, 김민경
관리 최우리, 김정선, 정원경, 홍보람, 조영행, 김지혜

펴낸곳 도서출판 풀빛
등록 1979년 3월 6일 제2021-000055호
주소 07547 서울특별시 강서구 양천로 583 우림블루나인 A동 21층 2110호
전화 02-363-5995(영업), 02-364-0844(편집)
팩스 070-4275-0445
홈페이지 www.pulbit.co.kr
전자우편 inmun@pulbit.co.kr

ISBN 979-11-6172-853-7 44400
979-11-6172-727-1 44080 (세트)

인류세 쫌 아는 10대

허정림 글
이혜원 그림

청소년 지구 특공대! 위기의 지구를 지켜라

지구를 지키는 슈퍼 히어로! 위험에 빠졌을 때 어김없이 등장하는 해결사! 사람들의 상상력으로 만들어진 많고 많은 히어로 중에 여러분의 '영웅'은 누구인가요?

흔히들 '지구를 지킨다'라고 하면 단박에 떠오르는 초능력자, 가슴에 'S'를 새기고 빨간 망토를 휘날리며 위험에 처한 지구인들을 구해주고 날아가는 슈퍼맨? 아니면 평범한 시민으로 살다가 악의 무리를 소탕하는 까만 박쥐 가면을 쓴 배트맨을 좋아하나요? 아니면, 노는 것만 좋아하는 것 같아 보여도 뛰어난 천재 발명가의 자질과 엄청난 재력으로 지구를 위기에서 구해낸 영웅, 아이언맨이 역시 최고인가요? 아이언맨 슈트는 정말 한번쯤 입어 보고 싶긴 하더라구요.

하지만 이런 영웅들이 만화나 영화 속에만 존재하는 것은 아니에요. 지금 이 순간에도 위기에 처한 동물을 돌보고 자연을 소중히 가꾸면서 지구를 위한 생활을 실천하는 여러분이야말로 진정한 지구 지킴이, 히어로인 셈이죠. 자! 이 책을 읽는 우리 모두가 지구특공대가 되어 아름다운 지구를 지키는 데 동참해 보는 건 어떤가요? 어렵지 않아요!

그럼 청소년 지구 특공대원들 다들 집합! 지구 특공대의 임무는 지구에 인류의 발자국을 올바르게 남길 수 있도록 돕는 일이에요. 인류가 방사능 물질 또는 플라스틱, 닭의 흔적으로 지구에 새겨질 수는 없으니까요. 무슨 소리냐구요? 만약 미래에 외계 행성에서 온 누군가가 멸종한 지구를 탐험하게 되어 지질 화석을 관찰했을 때 이러한 물질들이 잔뜩 화석으로 남아있다면, 인류를 대표하는 물질이라는 오해를 할 수도 있어요. 그렇다면 우리는 인류의 흔적으로 무엇을 후대에 남겨야 할까요?

여러분은 혹시 '인류세'라는 말을 들어 봤나요? '시조새처럼 뭐 인류가 날아다니게 된다는 건가?' 이런 착각을 했을 지도 몰라요. 또는 '새 새鰓'가 아니라면 '구실 세稅'라는 단어일까요? 인류가 지구에 치러야 할 벌금 같은 의미의 세금일까요?

땡! 모두 틀렸습니다. 인류세人類世의 '세世'는 지구에 새겨질 인류를 대표하는 화석을 의미하는 것으로 생각하면 됩니다. 누구도 조작할 수 없는, 땅속 어디든 남는 인류 활동의 증거이기 때문이죠. 지구에 엄청난 충격이 일어나 커다란 변화가 생길 때 지층에도 변화가 생기게 되는데, 이것을 지질학적 용어인 '세'로 구분해요. 땅을 깊숙이 파고 내려가서 과거와는 다른 뚜렷한 새로운 지층을 발견했을 때 새로운 '세' 이름을 붙이거든요. 오늘날 '인류세'라는 단어까지 등장했다는 것은 인류가 지구에 어마어마한 변화를 준 존재라는 뜻도 됩니다.

특히 요즘 여러분이 가장 많이 접하는 환경 이슈는 지구 온난화와 같은 기후 변화 위기일 텐데요. 그 원인을 만든 것은 바로 우리 인류, 나 자신일 수 있다는 사실을 알고 있나요? 이제 우리 모두 인류세란 이름으로 지구에 남겨질 인류의 흔적에 대해 책임감 있게 고민해 봐야 할 때입니다. 지구의 지질학적 지층 변화까지 일으킨 인류는 지구 환경에 무척이나 위협적인 존재로 기억

될 테니까요. 인류로 인해 고통받고 생태계에서 멸종되어 잊혀져 가는 수많은 생명체들에게 책임 의식을 가져야 해요. 어쩌면 지금 전 인류를 위협하고 있는 바이러스의 역습조차 그 원인을 분명히 알 수는 없지만, 야생동물의 먹이를 빼앗고 서식지를 위협해 온 인간의 행동 때문일지도 모른다고 해요. 자연의 질서를 무너뜨리면서까지 인간의 이기심으로 지구 자원을 파괴하고 이루어 낸 과학 발전의 결과인 셈이죠.

늦었지만 이제라도 우리 스스로 위기의 지구를 지켜 내야 해요. 환경을 보호하고 모든 생명체와 더불어 살아가기 위한 환경 실천을 당장 시작해야만 하죠. 우리가 알게 모르게 지구와 지구의 다른 생명체들에게 해 온 행동에 대한 결과는 지금 이 순간에도 인류세란 이름으로 쌓이고 있어요.

이제부터 인류가 지구에 남겨야 할 올바른 발자국부터 파헤쳐 보기로 해요. 이것이 곧 청소년 지구 특공대의 첫 번째 임무예요. 자! 과학 쫌 아는 청소년 지구 특공대 여러분! 지구를 지켜 낼 첫 번째 특명을 시작해 볼까요?

차례

4 발전과 생태계 사이, 인류세는 무얼 남길까?

5 인류세에 남길 나의 발자국

1 인류세!
그게 뭐야?

인류세는 곧 인류가 지구에 해 온 행동에 대한
지구 사용 성적표야.
이번 지령은 인류세란 이름이 왜 붙여졌는지,
새로운 지질 시대를 여는 인류세는
어떤 화석으로 증명할 수 있는지 찾아보는 거야.
이제부터 지구 특공대원들은
인간 행동의 발자취를 찾아 탐험을 떠나 보자.

지질 시대에서 무엇을 알 수 있을까?

지구는 땅속에 시간의 역사를 새겨 둔대. 그래서 그동안 인류가 지구에 살아 온 흔적이 화석으로 남게 된다고 해. 우리가 사는 지구의 역사는 땅속을 보면 알 수 있다는 것이고, 그것은 곧 인류의 모든 행동에 대한 표식이기도 해.

그래서 지질학자들은 46억 년에 달하는 지구의 역사를 알기 위해 지질 시대를 나누고, 그 시대를 살았던 동식물과 환경을 추측하고 증명해 내었어. 또한 지구에 엄청나게 큰 변화가 생겨 새로운 지층이 만들어진 때를 각각 다른 이름으로 구분지었지. 우리에게 익숙한 '쥐라기'도 지질 시대의 명칭 중 하나란다.

그렇다면 '인류세Anthropocene'란 무엇일까? 이 처음 들어 보는 낯선 단어에 인류가 포함된 만큼, 인간인 우리가 당연히 뜻을 알아야 하지 않겠어?

인류세는 한마디로 지구 환경에 엄청난 변화를 주어 새로운 특징을 가진 지질층을 만든 인류에게 붙은 꼬리표와 같아. 즉 인류 문명의 파괴적 행동으로 일어난 지구 온난화와 기후 변화 등을 표현하는 용어이자, 인간이 지구에 했던 모든 행동에 대한 사실을 보여 주는 결과물인 셈이야.

인류세라는 용어를 제일 처음 사용한 사람은 프레온 가스가 오존층을 파괴한다는 것을 밝혀 낸 연구로 노벨 화학상을 받은 네덜란드의 화학자 파울 크뤼천이야. 그가 이 용어를 2000년에 처음 제안했기 때문에 인류세는 21세기에 나온 신조어인 셈이지.

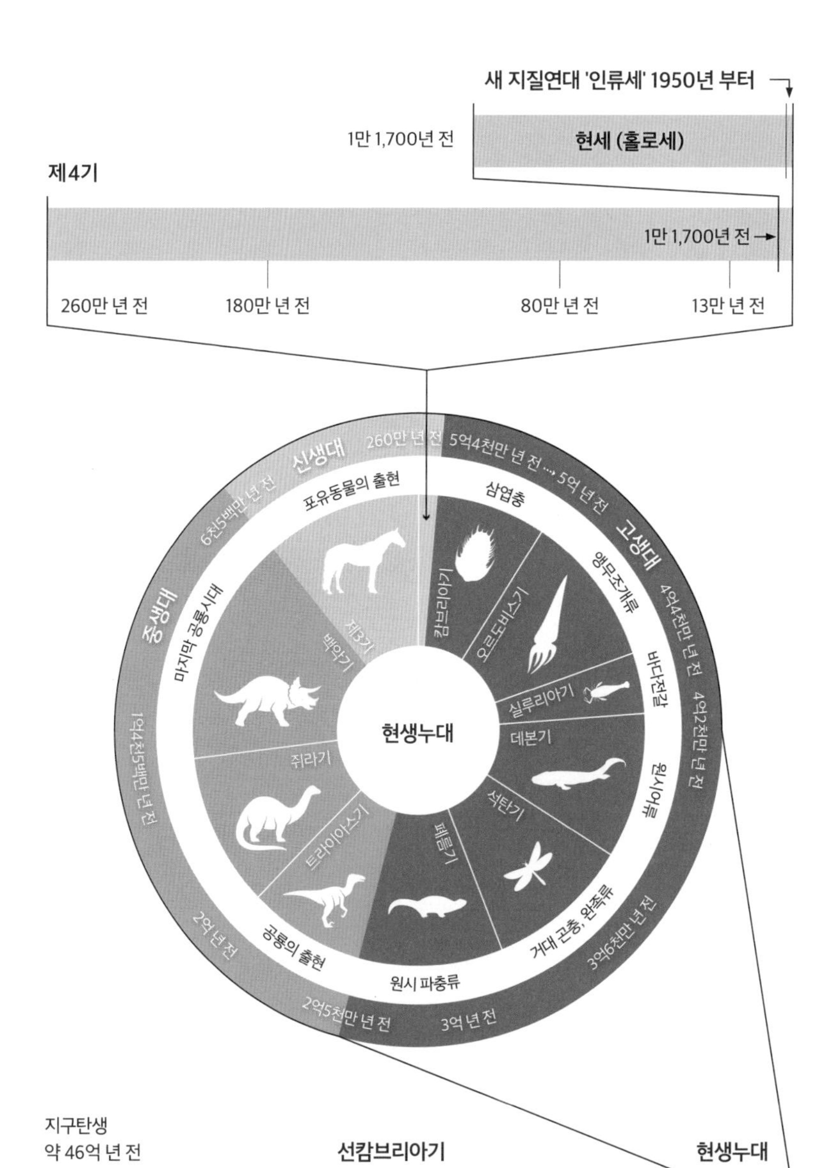

새 지질연대 '인류세'를 구분하는 지질연대표.
인류세는 1950년에 시작된 것이 맞을까?
인류세의 시작을 언제로 봐야 할까?

우리가 과학 시간에 배운 현재의 지질 시대가 신생대 제4기 홀로세인 것은 기억나니? 파울 크뤼천은 지금으로부터 1만 1,700년 전 빙하기가 끝나고 시작된 홀로세에 이어서 '인류세'라는 새로운 지질 시대를 맞이할 것을 예고한 거야. 인류세가 시작되었다는 주장은 북극 빙산을 채취하여 공기 분석을 한 결과, 이산화탄소와 메탄의 양이 전 지구적으로 증가한 사실로 증명되었지. 이는 공교롭게도 1784년에 제임스 와트가 증기기관을 발명했던 시기와 일치한다는 것을 알 수 있어. 이런 증거를 바탕으로 더 이상 홀로세가 아닌 인류세로 이름 붙여야 한다는 주장이 시작된 거야.

지질 세계를 바꿔 버린 인류

자! 그렇다면 우리 인류가 지구의 지질학적인 측면에서 현재 어느 시점에 있는지 알아볼까?

지질학을 잘 몰라도 한번쯤 공룡에 빠져 본 적이 있을 테니까 고생대, 백악기, 쥐라기 정도는 들어 본 적이 있을 거야. 유명한 영화 〈쥐라기 공원〉을 보았다면 공룡이 살았던 시대는 알고 있겠지?

시간을 다루는 학문인 지질학에서는 누대累代, Eon–대代, Era–기記, Period–세世, Epoch–절節, Age로 분류하여 시대를 구분하고 있어. 그중에서 지금 우리가 살고 있는 시대는 신생대 제4기 '홀

지구의 탄생부터 현재까지 지질학적 시간을 나타낸 것이다. 홀로세 다음은 인류세일까?
(출처: 위키피디아)

로세'로 불려 왔고, 약 1만 1,700년 전에 시작되었어. 지질 시대 중 '세'는 다음 세로 이동하는 데 수백에서 수천만 년이나 걸린다고 해. 여기서 알아야 할 것은, 지질 시대를 나누는 분류 기준은 급격한 변화를 포함한 획기적인 변혁을 의미한다고 볼 수 있다는 것이고, 인류세로 가는 급격한 변화의 장본인은 바로 인류라는 것이지.

지구는 오랜 빙하기 이후 1만 2,000년 전부터 온난한 기후를 유지해 왔는데, 18세기 후반에 산업 혁명이라는 전환기를 맞이하게 되었어. 급격한 과학 발달과 생활 변화는 지구 환경에 큰 변화를 일으켰고, 이는 곧 새로운 지질 시대인 인류세로 분리되는 터닝포인트가 되었던 거야. 인간이 이룩한 혁명이 지구 환경 역사에는 오점을 찍은 셈이지. 마치 장점과 단점을 가진 양날의 검 같다고나 할까? 과학 기술의 발달은 생활에 풍요와 편리함을 가져다주었을지 모르지만, 궁극적으로는 지구 환경을 파괴하는 주범이 되었으니까.

인류세는 곧 인간이 지구를 지배하고 탐닉한 결과에 대한 책임의 표식이기도 해. 인간은 스스로를 위해서 지구의 모든 것을 파괴할 수 있다는 것을 증명한 셈이야.

지구 환경의 역사로 본 인류의 등장

지구라는 행성에서 인간은 언제부터 존재하여 지금에 이르렀을까? 우리는 마치 지구의 오랜 주인인 것처럼 행동하고 있어.

그렇다면 지구의 탄생부터 생명체가 살기 시작한 시기와 인류가 지구상에 나타나 지배하듯 살게 된 시기에 대해 지구 환경 역사의 달력을 보면서 이야기를 해 볼게. 지구 역사를 달력처럼 12개월로 나누어 살펴보면 이해가 쉬울 거야.

지구는 지금으로부터 46억 년 전(1월 1일 0시)에 태어났어. 우주에서 거대한 별이 폭발할 때 생겨난 어마어마한 가스와 먼지 구름에서 지구를 비롯한 태양계의 다른 별들이 만들어졌어. 그 사건을 '빅뱅Big bang'이라고 해. 빅뱅을 시작으로 우리 태양계가 은하계를 떠돌게 된 것이지. 은하계에 약 1,000억 개 이상의 별들이 존재한다고 하니 우주가 얼마나 광대한지 상상이 돼? 우주는 신비한 세계임에 분명해. 그러니 우리가 상상하는 외계인이 또 다른 은하계의 어떤 별에서 살고 있다 해도 별로 놀랍지 않을 것 같아.

그 이후 38억 년 전(2월 27일경)이 되어서야 비로소 생명이 살 수 있는 지구 환경이 되었고, 육상 동물은 그 후 아주 오랜 시간이 지난 4억 년 전(11월 30일)에 모습을 보였지. 그중에는 아직까지 우리와 함께하고 있는 잠자리 같은 곤충류와 개구리와 같은 양서류가 있어. 그 이후 공룡의 시대인 중생대를 지나 쥐라기, 백악

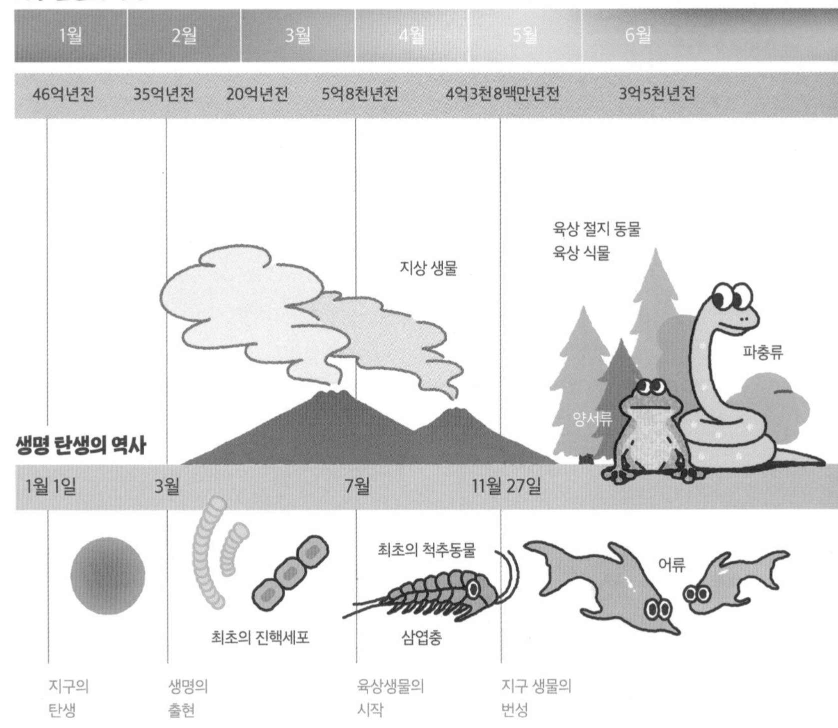

기를 거쳐 현생 인류는 40만 년 전(12월 31일 23시 2분)에 출현했지. 게다가 정착 생활을 하는 농경 사회가 시작된 때는 1만 년 전(12월 31일 23시 58분 50초)이었어. 현생 인류인 호모 사피엔스는 지구라는 집에 가장 늦게 태어난 늦둥이인 셈이야.

지구 환경 역사 달력을 보니까 정말 놀랍지 않아? 12개월로 따

지구 환경 역사를 1년의 달력으로 나타낸 그림.
뒤늦게 등장한 현생 인류는 지구에 어떤 영향을 미치게 될까?

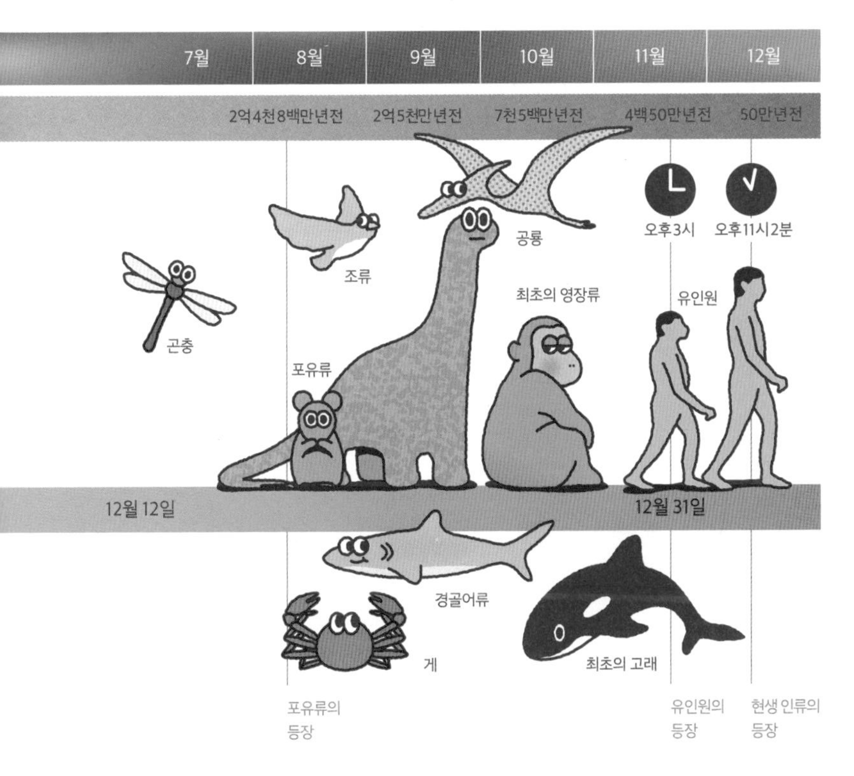

져 봤을 때, 지구 탄생 후 10개월이나 지나서야 비로소 생명체가 살 수 있게 되었고 육상 동물은 1개월 전에, 인간은 고작 1시간 전인 12월 31일 밤 11시에 지구에 나타났는데도 주인 노릇을 하고 있는 셈이야. 그렇게 오랜 세월 동안 지구 환경의 자연스러운 변화에 다른 생물 종들은 순종하고 적응해 왔는데, 오직 인간만이 환경을 파괴하며 살고 있다는 사실을 알아야만 해. 지질을 변화시키면서까지 말이지.

이 달력의 끝, 마지막 장에 등장한 인류가 지구 환경의 종말을 예고하고 생명이 살기 어려웠던 지구의 출발선으로 되돌려 버리는 건 아닐까?

달력에서 서기 2,000년은 14초 전이고 20세기를 0.7초라고 볼 때, 21세기에 사는 우리는 지구 환경 역사에서 아주 작은 점일 뿐이야. 그럼에도 불구하고 지질대의 새로운 역사를 인류세란 이름으로 지구에 새기고 있는 것이지. 다른 종들이 오랜 세월 지켜 온 생명의 터전인 지구에 어떤 족적을 남길 것인지 한번쯤 고민해 보면서 인류가 살아온 흔적을 되돌아봐야 해.

왜 지구의 역사를 통해 우리의 발자취를 돌아봐야하는 걸까? 지구가 생긴 이래로 다섯 번의 대멸종이 있었어. 첫 번째는 고생대 오르도비스기 말로, 4억 5천만 년에서 4천만 년 전쯤이야. 그

당시 한랭 기후와 남반구 빙하로 인해 해양 생물 50퍼센트와 무척추동물 100여 과가 멸종되었지. 두 번째는 원시 어류가 살던 고생대 데본기 말인데, 3억 7천만 년에서 6천만 년 전에 생물 종의 70퍼센트가 사라졌대. 그리고 세 번째 멸종은 약 2억 5천만 년 전, 해양 동물 종 약 96퍼센트와 육상 척추동물 70퍼센트 이상이 사라진 고생대 페름기 말에 일어났어. 네 번째는 화산 폭발로 인한 파충류 대부분의 멸종이 있었던 중생대 트라이아스기였고, 마지막으로 공룡이 중생대 쥐라기에 출현해서 6천 6만 년 전인 백악기 말에 운석 충돌로 멸종하게 된 거지.

과연 지구에 여섯 번째 멸종이 올까? 아마도 바로 우리 자신인 인류가 스스로 멸종의 원인을 제공할 것이라고 해. 많은 과학자들이 자연재해가 아닌 인간 행위 때문에 지구 환경에 변화가 생겨 대멸종 위기에 처할 것을 경고하고 있거든.

그렇다면 여섯 번째 멸종의 주인공이 될 수도 있는 인류로서 적어도 인류세가 무엇인지는 알아야 하지 않겠어? 특히 지구 특공대원으로서 인류세의 흔적을 찾아 지구 멸종을 막아내야 할 거야.

2 인류세 화석의 증거를 찾아라

두 번째 지령!
인류세 증거를 찾아라!

"지구가 움직이고 있다."
우리 삶의 터전인 지구가 이상하게 변하고 있대.
마치 화가 나서 폭발하기 직전처럼 불안한 모습으로 말이야.
그렇다면 과연 인류의 어떤 행동들이
지구에 충격을 주고 지질을 변화시켜
인류세란 이름으로 불리게 되었는지 확인해 봐야 해.
지구 특공대원 여러분!
함께 그 흔적을 쫓아 증거를 찾아보자.

지구가 움직이기 시작했다!

프랑스의 저명한 과학철학자이자 사회학자인 브뤼노 라투르는 그의 논문 《인류세 시대의 행위자Agency at the Time of the Anthropocene》에서 늘 그 자리에 가만히 있던 지구가 갑자기 움직이기 시작했다고 주장했어. 마치 잠에서 깨어나 기지개를 켜는 것처럼 말이지. 상상을 해 봐. 지구가 웅크린 채 숨죽이고 있다가 마치 킹콩이 가슴을 두드리며 두 팔을 벌리고 소리를 치듯, 헐크가 갑자기 화가 나 변신하는 것처럼 지구 깊은 곳에서부터 변화가 일어난다면 어떻게 될까?

날이 갈수록 이산화탄소를 내뿜는 인간 활동 때문에 지구 온난화로 더워지고 기후 변화가 일어나고 있어. 빙하가 녹아 해수면이 높아지면서 지구촌 곳곳의 삶의 터전이 없어지고 있고, 생존의 기로에서 생명체들이 고통받고 있지.

인류세의 지질학적 근거는 무엇일까?

남극 빙하의 얼음으로 인류가 살아온 흔적을 찾을 수 있다면 믿어지니? 고대의 점토판처럼 상형 문자를 새겨 넣을 수 있는 것도 아니고 투명하고 단단한 얼음에 어떤 흔적이 있다는 걸까? 얼음을 보면 지나온 과거의 기후와 생활 환경을 알아낼 수 있다고 하니 정말 흥미롭지 않니? 자! 그렇다면 어떻게 얼음으로 지구의 역사를 들여다보는지 함께 알아보자.

해저나 빙하의 얼음을 어떻게 실험실까지 가져 오지?

일단 단단하고 거대한 빙하에 빨대처럼 빈 굴대를 밀어 넣어 만들어진 얼음 기둥을 밖으로 꺼내. 바로 이 얼음 샘플을 '코어'라고 불러. 이런 방식으로 남극의 얼음코어링을 진행하는 유럽프로젝트팀EPICA은 얼음코어에 우리가 알고 있던 43만 년보다 거의 2배가 긴 74만 년 동안의 기록이 담겨 있다고 발표했어. 어마어마한 세월의 비밀을 간직하고 있는 얼음코어가 대단하지 않아?

이러한 얼음코어 연구는 지구의 탄소 순환이라는 자연의 법칙의 영향을 잘 증명할 뿐만 아니라 인간이 없었던 간빙기 시기의 기후도 알 수 있어. 컴퓨터에 데이터베이스DB가 축적되는 것과 비교가 안 될 만큼 자연에 남은 흔적을 담은 거대한 기록 보관소인 셈이지.

얼음 기억Ice Memory이라는 말, 들어봤니? 오랜 세월의 흔적이 담긴 얼음코어에는 과거의 귀중한 정보, 즉 기억이 새겨져 있기 때문에 붙여진 이름이야. 과학자들은 전 세계의 산악 빙하에서 추출한 얼음코어를 기후 변화에서도 얼음이 살아남을 수 있는 남극으로 가져와 연구하고 보관해 둔다고 해. 우리가 과거 지구의 비밀을 얼음코어로 찾듯, 먼 미래의 후손들이 우리의 흔적을 알도록 빙하 드릴 코어에 관한 국제 아카이브를 만들어 보관하는 거지. 이것을 '얼음 기억 프로젝트'라고 해.

아이스 코어에는 과거에 대한 귀중한 정보가 포함되어 있다.(출처: 위키미디어커먼즈)

그렇다면 어떻게 얼음 속에서 비밀을 찾아낸다는 걸까?

지질학자 예르겐 스테픈슨은 빙하기의 종말과 홀로세로 넘어오는 순간을 얼음코어에서 찾아냈어. 그린란드 남극 얼음을 1.5킬로미터까지 파서 뽑아 낸 조각을 분석해서 말이야. 얼음코어는 단순한 얼음 조각이 아니고 눈이 응축된 것이기 때문에 얼음 사이에 공간이 있어. 이 공간 속에 공기가 10퍼센트 정도 존재하는데, 이 공기를 분석해 보면 그 시대의 기후를 증명할 수 있는 근거를 찾을 수 있다고 해. 공기는 인류의 역사를 담고 있어. 그래서 2천 년 전의 납 오염도로 로마제국의 흥망성쇠 흔적도 찾아낼 수 있지.

왜냐구? 인류 외에는 납을 공기 중에 흘릴 수 있는 존재가 없기 때문이야. 로마제국이 번창한 시기에 얼음코어의 납 오염양도 증가했는데, 로마의 광산에서 은을 채굴할 때 나온 납이 얼음코어에 고스란히 남은 거지. 인간 말고 어떤 생물체가 은이나 금을 탐욕스럽게 욕심내겠어?

물론 산업 혁명으로 화석 연료 사용이 늘어나면서 발생한 메탄과 프레온 가스 같은 물질이 준 폐해, 그리고 1945년에 사용된 원자폭탄에서 나온 방사성 탄소까지 얼음코어에 선명하게 남아 있다고 해. 이러한 증거를 바탕으로 인류가 지구에 급격한 변화를 가져왔고, 이로 인해 인류세라는 새로운 지질학적 경계를 만들어 냈음을 알게 되었지. 얼음코어에 남아 있는 인류의 흔적을 찾아낸 예르겐 스테픈슨은 우리에게 이런 충고를 남겼어.

"우리는 확실히 한 종이 지구 환경 전체를 바꾼 시대에 살고 있고 분명 인간이 만든 시대라는 것이므로, 곧 호모사피엔스인 우리들이 지구를 바꾸고 있는 것이다."

인류가 지구 환경을 바꾸는 유일한 종이라는 사실을 강조하고 있지. 이것은 바로 지구상에 사는 다른 생명체들과 달리 인간은 지구 환경을 위협하는 존재라는 것을 부인할 수 없고, 바로 지금 이 순간도 얼음코어 속 흔적으로 남겨진다는 사실을 알아야 한다는 것이야. 그의 충고는 지구에 사는 우리 스스로 행동에 책임을 져야 한다는 숙제를 남겼어.

얼음코어처럼 지구의 역사와 기후 변화를 알아내는 또 다른 방법이 있어. 바로 오래된 동굴의 석순을 잘라서 그 절단면을 연구하는 것이지. 마치 나무의 나이테처럼 동굴의 석순에는 인류 문명의 발자취가 고스란히 남아 있다고 해.

양쯔강 문명과 인더스 문명의 탄생 시기를 남긴 석순도 발견했지. 문명이 멸망한 이유와 어떤 기후 변화가 있었는지도 알 수 있었어. 건조한 기후 때문에 물 부족이 문명의 붕괴로 연결되는 것을 석순 속에서 밝혀냈거든. 메소포타미아에서부터 이집트, 황하, 인더스-갠지스강에 이르는 문명 발생과 붕괴가 인류의 진화에 미친 영향을 알아낼 수 있는 거지.

이렇듯 지구 환경에 있어 가장 큰 위협은 바로 기후 변화였어. 문명을 파괴할 만큼의 강력한 원인이 된다는 것을 보여 준 역사적인 증거를 보면 알 수 있지. 그렇기 때문에 기후 변화를 현재 가장 시급한 지구 환경 문제로 주목할 필요가 있어.

언제부터 인류세라고 부를 수 있을까?

여러 과학자들 사이에서 홀로세를 접고 인류세로 새롭게 구분짓는 시기에 대한 의견이 분분해. 농업이 시작된 시기로 구분하거나 산업 혁명으로 나누기도 하고, 어떤 이는 최초의 핵 실험을 거론하기도 해. 혹은 인간과 동식물의 대륙 간 이동이 본격화되는 계기였던 콜럼버스의 아메리카 대륙 도착 100년 후인 1610년으로 보기도 하지. 이때 인간과 동물을 따라 질병도 대륙을 넘어 이동하면서 천연두로 무려 5천만 명 이상의 아메리카 원주민이 사망했거든.

무엇보다 1945년에 시작된 핵 실험부터라는 주장이 여러 증거를 통해 매우 설득력을 얻고 있어. 왜냐하면 핵 실험 이후에 석유 연료 사용으로 대기 중의 납 성분 증가, 화학 비료와 플라스틱 사용 증가, 기후 변화로 인한 해수면 상승 등이 더 활발하게 나타났기 때문이야.

어떤 시기를 인류세의 시작점으로 볼 것인지는 지질학자가 아니니 그다지 따지고 싶지 않아. 다만 얼마나 우리 인류가 지구의 지질을 바꿀 만큼의 행동을 했는지를 깨닫는 것이 더욱 중요해.

그래서 지질학적 변화를 불러온 행위의 근거와 심각성, 그에 대한 우리의 책임을 솔직하게 얘기해 볼 필요가 있어. 왜냐하면 지질 시대를 나누려면 지구 전체에 일어난 사건이어야 하는데, 이전 시대인 홀로세와 확연히 구분되는 새로운 퇴적층이 생겨날 만큼 엄청난 변화가 인류의 활동으로 인해 일어났다는 뜻이니까.

인류세에 대해 심각하게 생각해 볼 점은 또 있어. 인간이 매우 짧은 시간에 지구에 충격을 가해 위기에 빠뜨렸다는 사실에 앞서, 인간보다 훨씬 일찍부터 그들만의 질서를 이루고 자연에 순응하며 살아 온 다른 생명체 모두를 위기에 처하게 했다는 점이야. 심지어 다수의 종을 멸종까지 이르게 한 것을 인정한다면 그 책임에서 자유로울 수 없어. 그만큼 인간이 자연을 이기적으로 이용하고 무분별하게 착취하면서 심각한 기후 위기 시대로 접어들게 만들었기 때문이지. 한마디로, 45억 년 동안 이어져 온 지구 생태계를 파괴적으로 뒤흔든 장본인이 인간이라는 증거가 바로 인류세야.

또한 생태계의 위기를 인류세보다 더 위험한 상태로 보는 학자도 있어. 에드워드 윌슨은 지구에서 다른 종없이 인간 종만 홀로 외롭게 살아가는 시대라는 의미로 인류세가 아닌 '에레모세 Eremocene'라고 명명했어. 현재 지구상에 존재하는 동물의 몸무게로 볼 때 전체의 30퍼센트가 인간이고 67퍼센트가 가축, 그리고 3퍼센트가 야생동물인데, 고작 30퍼센트를 차지하는 인간이 지구상의 동물을 멸종 위기로 내모는 것은 물론이고 인간을 위한 희생을 강요하면서 산다면 결국 인간만이 남게 된다는 거지. 이 같은 것을 인간만이 가진 이기심, 즉 인간중심주의라고 해.

한편 여성주의 철학자인 도나 해러웨이는 인류세는 인간을 과

대평가하는 용어라고 반박했어. 그러면서 지구 생태계에 의존하며 사는, 자연의 일부에 지나지 않는 인간이 어리석게도 자신의 터전인 지구를 훼손한다는 의미에서 '쑬루세Chthulucene Medusa'를 제안하기도 했지.

이렇듯 학자들마다 의견이 분분한 인류세의 시작점과 범위는 사실 중요하지 않아. 지질학적으로 새로운 단계로 구분하게 된 이유를 아는 것이 중요한 거야.

다시 한번 말하지만 우리 행동의 흔적은 지구상에 남을 것이고, 그 발자취에 대한 책임감을 가져야 하기 때문이지. 늦기 전에 여섯 번째 멸망을 막기 위해서는 지금 당장 우리의 행동을 반성하고 바꿔 나가야 해.

인류세는 어떤 흔적으로 남겨질까?

앞서 잠시 다뤘지만, 인류세라는 용어는 2000년 2월, 멕시코 지구 환경 국제회의장에서 처음으로 등장했어. 지질 시대를 홀로세가 아닌 인류세로 명명해야 한다는 주장이 공론화된 것이지. 대표적인 이유로 지난 세 번의 세기 동안 인간이 지구 환경에 커다란 영향력을 행사한 것을 꼽았는데, 가장 큰 책임은 이산화탄소 배출이라는 주장이었어. 이산화탄소가 오랜 빙하기가 끝나고 1만 2,000년 전부터 유지된 온난한 지구 기온을 변화시켜 지구 환경을 획기적으로 바꿔 버렸다는 거야. 물론 학자들마다 의견이 제각각이다보니, 인류세를 둘러싼 찬반 논쟁을 결판 짓기 위한 국제기구가 만들어졌고, 연구를 거듭한 끝에 결론을 내렸어. 국제 지질 연합IUGS 산하의 '인류세 실무 그룹AWG, Anthropocene Working Group은 홀로세의 종식을 선언했지.

그렇다면 인류세 실무 그룹은 무엇을 기준으로 홀로세의 종말과 인류세의 시작을 결정한 걸까? 인류세는 지질학적인 시간과 과정, 지층의 단위로 충분히 사용될 수 있고 구별이 가능할 만큼

인류세의 대표적인 근거로 플라스틱(위), 핵 실험(왼쪽), 닭 뼈 화석(오른쪽)을 들 수 있다. 세 가지 모두 지구에 지워지지 않는 인류의 흔적을 남기고 있다(출처: 위키피디아, 위키미디어 커먼즈).

뚜렷한 특징을 가졌어. 인류세의 근거가 무엇인지 알면 인류의 어떤 행위가 문제였는지도 알 수 있기 때문에 대표적인 증거 세 가지를 들어 인류세를 증명했지.

그들이 주장하는 근거는 바로 핵 실험으로 인한 방사선 물질과 석유의 산물인 플라스틱, 그리고 닭 뼈 화석이야. 쥐라기의 증거가 공룡 화석이었는데 인류세의 증거가 닭 뼈라니 대체 무슨 말인지 어처구니가 없다구? 그렇다면 그들이 주장하는 인류세의 세 가지 흔적을 자세히 파헤쳐 보도록 할게.

핵! 인류세의 도화선이라고?

여러 가지 요인 중에서도 홀로세의 종식을 이끌어 낸 주요한 것은 바로 방사선 물질이야. 인류가 지구에 남긴 가장 강력한 흔적은 핵 실험으로 생겨난 방사성 낙진이거든. 오늘날 핵 전쟁은 잠시 휴식기에 들어갔지만, 핵 실험은 여전히 진행 중이야. 핵 실험 과정에서 방사성 낙진이 폭발과 함께 성층권에 올라 머물렀다가 다시 지구 표면으로 떨어져. 이때 낙진은 땅속 깊이 남아 사라지지 않기 때문에 방사성 물질이 먼 훗날까지 나오게 되지. 이미 남극에서 분석된 얼음코어에서 1963년에 해당하는 시점에 평균보다 50배나 높은 방사능 수치를 발견했는데, 이는 핵을 보유하기 위해 핵폭탄 개발이 경쟁적으로 이루어지면서 생긴 흔적이야.

그럼 인류세의 시작점으로 떠오른 방사선 물질은 언제, 왜 등장했을까? 본격적으로 위용을 드러낸 건 2차 세계 대전 중인 1945년에 있었던 히로시마 원자 폭탄 투하 때였어. 전쟁을 끝내기 위해 사용된 2개의 원자 폭탄은 단순히 항복을 이끌어 낸 것에서 그치지 않고 지구에 지질학적 충격을 주었지.

결국 수많은 사람들의 목숨을 앗아간 무서운 위력을 겪고서야 공식적으로 핵무기 사용은 금지되었지만 여전히 핵무기 개발에서 나온 물질들은 지구에게 치명상을 입히고 있어. 그럼에도 강대국들은 권력을 잡기 위해 핵 실험을 계속하고 있지.

1945년 7월 16일 오전 5시 29분에 미국 뉴멕시코주 알라모고르도에서 최초로 핵 실험이 진행됐는데, 그때까지 지구상에 존재하지 않았던 '플로토늄-239' 성분의 방사성 낙진은 지질층에 선명한 붉은색 실선 자국을 남겼어.

이후 1960년대까지 미국, 소련, 프랑스 등의 국가들은 태평양과 중앙아시아 등 각지에서 경쟁적으로 수백 차례의 핵 실험을 했어. 핵무기 개발과 핵 에너지원을 얻기 위해서 미래에 닥칠 위험에는 눈을 감았던 거야. 전쟁을 승리로 이끌었던 그 달콤한 맛을 잊을 수 없었기에, 많은 희생의 대가를 치르더라도 강력한 힘을 주는 핵의 유혹은 참기 어려웠지.

또한 핵은 오늘날 깨끗하고 싼 에너지원으로 주목받고 있어. 핵에너지는 인간이 만든 획기적인 에너지원인 것은 맞아. 하지만 동시에 매우 위험한 물질임은 틀림없어. 다음 장에서 핵의 위력이 얼마나 크고 위험한지 살펴보고, 지구는 물론 지구 전 생물체에 어떤 영향을 주는지 자세히 설명해 줄게.

플라스틱으로 된 암석이 있다?

플라스틱 또한 지구 환경을 달라지게 만든 대표적인 인류세의 흔적이야. 현대인들이 너무 많이 만들어 쓰고 버린 물질이지.

플라스틱이 최초로 등장한 것은 1930년대로, 영국 화학자들이 만들었어. 2차 세계 대전 이후에 대중화되었지. 플라스틱은 인류의 삶을 획기적으로 바꾼 대표적인 발명품이야. 알록달록 화려한 색을 입힐 수 있고 모양도 쉽게 만들 수 있는데다가, 가볍고 깨지지도 않으니 실용적이기까지 하지. 게다가 싼값에 만들 수 있었어. 덕분에 불과 100년이 채 안 되는 짧은 기간 동안 플라스틱은 유리, 나무, 철, 종이, 섬유 등 인류의 역사와 함께 해 온 재료들을 모조리 대체하는 괴력을 보여 주었지.

하지만 아이러니하게도 영원히 분해되지 않고 녹이 슬지 않는

다는 특성 때문에 플라스틱은 오늘날 지구 곳곳에 치명적인 독처럼 퍼져 상처를 만들고 있어. 플라스틱은 인간이 만들어낸 새로운 '암석'으로도 불리고 있지.

1950년 연간 플라스틱 생산략은 불과 200만 톤이었는데, 2019년에는 4억 6천만 톤으로 급증했어. 뿐만 아니라 20년 전과 비교했을 때 플라스틱 폐기물은 2배 더 발생하고 있지. 게다가 편리함을 내세워 일회용품으로 마구 사용한 플라스틱은 어마어마한 쓰레기로 돌아왔어. 함부로 버려지고 처리되면서 지구촌 곳곳은 플라스틱 쓰레기로 넘쳐 나게 되었지. 급기야 인간을 비롯한 생명체의 몸속까지 침투한 플라스틱은 마치 기생하는 생물처럼 서서히 우리 모두의 목숨을 위협하는 독성 물질이 되어 버린 거야.

요즘 들어 세계적인 코로나 팬데믹으로 사람들의 생활 방식은 크게 변했어. 외부 활동이 불편해지고 격리와 비대면 활동이 늘어나면서 배달 음식 시장이 커졌지. 여기서 문제는 배달 문화가 확산되면서 덩달아 늘어난 플라스틱 쓰레기야. 우리나라는 배달 음식 2인분에 평균 18개의 플라스틱 용기를 사용한다고 해. 이것은 연평균 양으로 보면 무려 한 사람이 알루미늄 자전거 한 대 분량의 플라스틱을 쓰레기로 버리는 셈이야! 플라스틱은 재활용된다고? 재활용된다는 것으로 죄책감을 덜 수는 없어. 배달 용기의 60퍼센트는 재활용이 불가능한 것들이거든.

이렇듯 지금 이 순간에도 수없이 쏟아지고 있는 플라스틱들은 화석이 되어 지층에 남을 거야. 플라스틱, 콘크리트 등 인간의 기술로 만들어진 새로운 물질이 지층에 쌓인 것을 '기술 화석'이라고 해. 이것들은 500년이 지나도 잘 썩지 않고 자연에서 분해되기도 전에 또 자꾸 쌓여 가고 있어. 지금까지 생산된 플라스틱은 전 세계에서 8번 째로 넓은 2억 7,804만 헥타르의 면적을 가진

플라스틱과 암석, 조개껍질, 그물, 밧줄 등이 엉키고 뭉쳐서 탄생한
다양한 형태의 플라스틱 암석들.

아르헨티나를 발목 높이로 뒤덮을 만큼 어마어마하게 많은 양이라고 해. 그렇다면 이렇게 많은 플라스틱은 얼마나 재활용되고 있을까? 대부분 버려진다고 해. 79퍼센트는 매립되고 12퍼센트만 소각되고, 재활용은 고작 9퍼센트에 불과하거든.

이렇게 우리 곁에 남겨진 플라스틱은 새로운 광물로 재탄생하기도 해. 플라스틱이 용암 분출과 같은 자연 현상이나 불을 피우는 인간 활동에 의해 온도가 극도로 올라가 녹으면서 돌이나 쓰레기 등 이물질과 결합하여 만들어진 것들이지. 이미 수년 전부터 발견되고 있는데, 이를 '플라스틱 돌Plastiglomerate'이라고도 불러. 오로지 인류의 작품이지.

신종 광물인 이 플라스틱 돌을 진열해 둔 곳도 있어. 공장에서 만들어진 플라스틱이 마치 자연에서 생긴 광물로 둔갑을 한 셈이야. 이 새로운 플라스틱 쓰레기가 인류세를 대표하는 암석으로 전시까지 되고 있는 상황은 우리가 처한 아픈 현실이지.

닭을 인류로 착각하게 될까?

쥐라기와 백악기를 대표하는 화석은 공룡 화석이야. 그렇다면 인류세를 대표할 화석도 있을까? 그 화석의 강력한 후보가 바로 닭뼈야. 거대한 공룡도 아닌 닭 뼈라니 어처구니가 없지 않아? 인류를 대표할 흔적이 닭이라니? 그런데 조금만 생각해 봐도 우리가 수많은 닭을 먹어 치웠다는 걸 알고 있잖아? 그동안 너무나 많은 닭들이 인류에 의해 희생되었어. 우리 모두 자연의 섭리를 넘어서는 엄청난 양의 닭이 소비되었다는 사실을 부인할 수는 없을 거야.

이대로라면 먼 훗날 새로운 생명체가 지구를 탐험하다가 어마어마한 양의 닭 뼈 화석을 발견하게 될 거야. 그럼 지구를 지배했던 종을 닭으로 여길 수도 있겠다는 생각도 들어. 현재 우리가 살고 있는 시대의 지층을 조사한다면 단박에 증거가 나올 테니까.

현재 전 세계적으로 한 해 지구인이 먹는 닭은 무려 650억 마리야. 우리나라 역시 2017년 통계만 보더라도 한 해 9억 3,600만 마리가 도축되었다고 하니, 우리나라 인구를 5천만 명이라 볼 때 1명당 매년 20마리의 닭을 먹은 셈이야. 특히 청소년들은 평균 1인당 소비량보다 더 많은 숫자의 닭을 먹어 치운 사실을 인정할 수밖에 없을 걸? 지금 이 순간도 끊임없이 새로운 요리법과 마케팅으로 수많은 종류의 치킨 브랜드가 홍수처럼 쏟아지고 있잖아. 그것만 봐도 얼마나 많은 닭들이 필요한지 알 수 있지. 인류세 대표 화석의 강력한 후보가 닭 뼈 화석이라는 사실은 누구도 부인하지 못할 거야.

5백 년 전에는
닭들이 지구를 지배했나보군!

혹시 2008년에 찾아왔던 조류독감에 대해 들어 봤니? 조류에서 집단 발병하는 이 독감 바이러스를 퇴치하기 위해서 우리나라에서만 약 천만 마리의 양계장 닭들이 한꺼번에 산 채로 땅속에 묻혔지. 이런 상황까지 더해 닭뼈는 지구 곳곳에서 화석이 되고 있고 그 규모는 우리의 상상을 초월하는 면적으로 넓게 퍼져 있기 때문에 인류세를 대표할 자격은 충분해.

이렇듯 현재 우리는 77억 인구와 더불어 230억 마리의 닭과 살아가고 있어. 사람 한 명당 닭 3마리가 동시간대에 살고 있는 셈이지. 생명 다양성이라는 측면에서 너무 많은 숫자의 닭은 생태계의 순리에 맞지 않아. 또한 본래 닭의 수명은 20~30년이지만 식용 닭은 부화한 지 6주가 지나면 도축되어 누군가의 식탁에 오르고 있단다. 결국 인간이 엄청나게 먹어 치우기 위해서 더 많은 닭을 좁은 우리에 몰아넣고 마치 물건을 생산하듯 공장식 양계장을 만들어 더 빠르게 키워내고 있지. 오직 인간이 먹기 위해서 원래 닭의 생리적 습성과 모습이 아닌 변형된 상태로 키워지고 죽임을 당하고 있는 현실이 얼마나 심각한 환경 문제인지를 알아야 해. 왜 그런지, 어떤 문제인지 뒤에서 이야기해 줄게.

3 동식물부터 인간까지, 지구 생태계 제대로 이해하기

1
2
3
4
5
세 번째 지령!
지구 생태계의 비밀을
파헤쳐라!
인간처럼 지구를
살아 있는 하나의 생명체로 생각해야 해.
지구 생태계는 서로 영향을 주고받으면서 살아가고 있거든!
지구 특공대원 여러분은 이제부터
동식물들이 알게 모르게 먹고 먹히면서,
또 서로 영향을 미치면서 돌고 도는
지구 생태계의 비밀을 파헤쳐 볼 예정이야.

가이아의 힘! 그 원리와 능력

그리스 신화에는 대지에 스스로 생명력을 불어 넣어 태어난 여신이 등장해. 그녀의 이름은 대지의 여신이자 지구의 어머니라고도 불리는 가이아 여신이야. '가이아Gaia'는 지구를 생명체로 볼 때 비유하는 표현이기도 하지.

이렇게 탄생한 '가이아 여신의 땅'으로서의 지구는 신들의 전쟁 속에서 만들어진 별이고, 인류는 공짜로 지구에 올라타 우주를 여행하는 셈이야. 물론 과학적으로는 우주를 초속 30킬로미터로 질주하는 천연 위성이지만 말이야.

그렇다면 공짜로 이 아름다운 지구에 살고 있는 인류는 왜 자연환경을 마구 이용하는 것도 모자라 함께 사는 동식물들을 괴롭혀 온 걸까? 그런 인류의 행위에도 지구를 지금까지 지탱해 온 가이아의 힘은 무엇일까?

이에 대해 과학자 제임스 러브록은 '대기권의 화학적 조성'과 '지구의 기후'를 근거로, 지구를 환경과 생물로 구성된 하나의 유기적인 시스템으로 해석한 '가이아 이론'을 주장했어. 그는 화학

가이아 이론에 따르면 지구는 생물, 대기권, 토양, 대양으로 지탱되고 있는 하나의 유기체다.

원리에 맞지 않음에도 생물에게 유리한 조건으로 조절되는 지구의 신비함에 놀랐거든. 예를 들자면, 대기권에서 일정한 농도를 유지하는 산소와 메탄은 서로 화학반응을 하여 이산화탄소와 물을 만들고 이것은 곧 생명의 원천이 돼. 마치 살아 있는 생물처럼 지구는 알아서 조절하면서 유지하고 있다는 거야. 이러한 질서가 바로 가이아 이론의 핵심이야. 이 말은 곧 질서가 무너지면 지구가 존재할 수 없다는 뜻이기도 해.

가이아 이론은 사람들이 환경 문제를 전 지구적 차원에서 바라볼 수 있도록 했어. 다시 말하면 지구 전체가 자기 조절 능력을 갖춘 하나의 생명체로 일정한 상태를 유지하려는 항상성을 지속하려고 한다는 것이지. 이렇듯 원래 가이아 여신이 만들어낸 지구의 모습으로 되돌아가려는 항상성의 기질 때문에 지구는 환경 오염에도 어느 정도 유지할 수 있는 힘이 있는 거야.

그렇지만 환경 오염 때문에 지구가 가진 항상성과 자기 조절의 능력도 한계에 다다르고 있어. 오늘날의 환경 오염 문제는 다름 아닌 인류가 만들어 낸 것이고, 그 책임의 화살은 다시 부메랑이 되어 인류를 공격하기 시작했고 지구는 멸망을 향해 가고 있지.

지구는 스스로 깨끗해질 수 있다고?

가이아 이론을 좀 더 자세히 설명해 줄게. 이 이론에 따르면 지구는 알아서 스스로를 지켜내는 힘, 즉 항상성을 가졌어. 자연 생태계는 어느 정도의 오염은 스스로 정화할 수 있고, 변화 또는 파괴보다는 본연의 모습을 유지하고자 하는 능력을 가지고 있다는 거야.

그렇다면 이런 능력을 가진 지구는 왜 환경 오염에 몸살을 앓고 위기를 호소하는 걸까? 그것은 바로 인간의 지속적인 환경 파괴 때문에 지구 본연의 능력을 잃어버리고 있기 때문이야. 지구 스스로 버틸 수 없는 상황이 찾아와 한순간에 자연의 질서가 무너지게 될까봐 인류에게 경고하려는 거지. 마치 도미노 하나가 쓰러지면 전체가 와르르 무너져 버리듯, 지구가 이런 능력을 잃는 순간이 오면 지구의 종말까지 예측해야 할지도 몰라.

신기하게도 자연이나 인간의 몸은 매우 비슷하거든. 가령 지구의 물이 70퍼센트이듯 인간의 몸속 물의 양도 지구와 같은 비율이야. 그래서인지 인간도 지구처럼 원래의 상태를 유지하고 조절하는 자정 능력으로 몸의 상태를 보존하려는 항상성의 힘이 있어. 그렇기 때문에 우리 몸이 원하는 것을 알고 관리하면 건강을 지킬 수 있지. 예를 들어 감기 몸살일 때 충분히 쉬어야 하는데 학

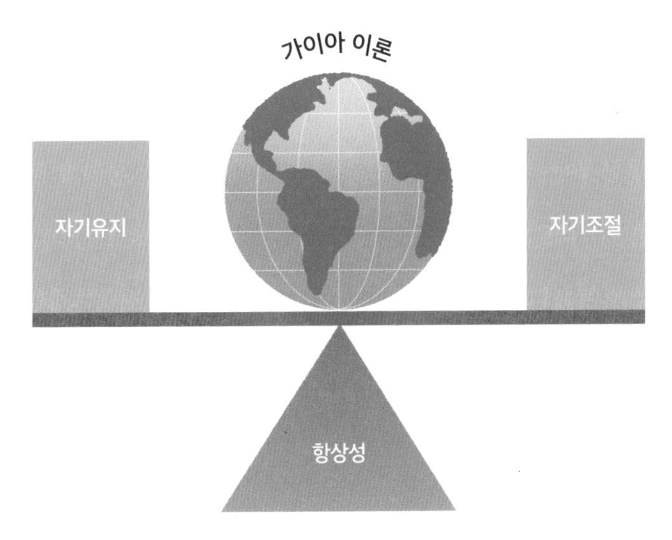

지구 생태계의 원리와 능력

교 수업도 모자라 학원에, 숙제와 공부로 늦게까지 몸을 고생시키면 몸살에서 그치지 않고 독감에 걸리는 것처럼 말이야.

뭐? 공부하기 싫은데 응원을 받는 기분이라고? 그건 아니고 몸의 상태를 편하고 건강하게 만들어야 집중력도 생기고 공부가 더 잘되는 거니까 몸이 안 좋을 땐 쉬라는 뜻이야. 건강한 몸을 만들기 위해서는 우리 몸이 어떤 메시지를 보내고 있는지 귀 기울여 상태를 살펴봐야 한다는 거지.

자연 생태계도 마찬가지야. 만약 컵라면을 먹고 남은 국물을 강물에 버렸다고 가정할 때, 물속의 플랑크톤이 음식물을 분해하고 이끼나 해초가 광합성을 하면서 물속이 정화되는 거거든. 시간이 지나면 자연이 해결할 수 있는 정도의 오염은 감당할 수 있지. 하지만 세탁기에 용량보다 많은 세탁물을 마구 넣어 버리면 결국 과부하가 걸려서 고장이 나듯이, 자연 정화도 자정 능력의 힘을 넘어서면 고장이 날 수밖에 없어.

생태계의 질서! 먹이 사슬

지금까지 설명을 잘 들었다면 지구는 생명체가 살아가는 터전으로서 스스로 깨끗해지는 자정 능력과 본래의 상태를 지켜내는 제어 능력이 있다는 것을 기억하겠지? 그것 말고도 지구는 나름의 질서를 가지고 지구의 생명력을 보존하고 있어.

자연 생태계에 존재하는 먹이 사슬과 먹이 그물이 바로 그것이

야. 생태계에서 생물 사이에 먹고 먹히는 관계가 사슬처럼 연결되어 있는 모습을 나타낸 것이 먹이 사슬이고, 여러 생물의 먹이 사슬이 서로 얽혀 그물처럼 보이는 것을 먹이 그물이라고 해. 바로 이런 자연의 질서가 지구 생태계를 유지시키고 있어. 자연의 법칙은 곧 개체수를 유지하면서 순환, 유지한다는 뜻이야. 생태계 먹이 사슬의 질서가 개체수로 자연의 법칙을 지켜내는 것이라면, 먹이 그물은 복잡할수록 생물 종이 다양해져서 생태계가 안정되어 평형을 유지하는 것이란다.

먹이 피라미드는 생태 피라미드 혹은 '영양 단계Tropic Level'라고도 해. 단계별로 먹고 먹히면서 자연에 순응하는 법칙이 존재

먹이 사슬과 피라미드.

하지. 스스로 광합성으로 살아가는 녹색식물을 생산자, 그리고 이 생산자를 직접 먹는 1차 소비자, 1차 소비자를 먹는 2차 소비자, 그 다음 3차 소비자는 2차 소비자를 먹이로 삼아. 최종 소비자는 포식 동물로 불리는 천적을 가지고 있거나 그 수가 매우 적은 경우를 말해. 예를 들면, 생태계의 사냥꾼은 뱀, 악어, 상어 등이고 물론 인간도 여기에 속하지.

먹이 피라미드에서 가장 중요한 역할은 바로 청소부인 박테리아, 곰팡이와 같은 분해자야. 생물체가 죽으면 다시 생산자가 땅속으로 분해시켜 다시 새로운 생태계 순환을 시작할 수 있게 하거든. 분해하지 못하면 순환될 수 없기 때문이지. 그래, 맞아. 생태 피라미드의 주인공은 최종 포식자가 아닌, 눈에 보이지도 않지만 자기의 역할을 쉼 없이 하고 있는 분해자들이야.

바닷속 생태계를 예로 들어 볼게. 초기 생산자인 플랑크톤을 1차 소비자인 새우나 갑각류가 먹으면 작은 어류가 2차 소비자가 되고, 다시 참치나 다랑어 같은 큰 어종이 3차 소비자가 되어 2차 소비자가 먹은 것까지 최종 소비자인 상어가 먹게 되는 거지. 이러한 자연의 질서에서 생태계의 평형을 유지할 수 있다는 점은 매우 중요해.

어떤 종이 갑자기 늘어나면 생태계가 파괴될까? 아니, 걱정하지 마. 자연은 먹이 사슬로 평형을 유지하니까. 생태계의 어느 한 먹이 사슬 단계가 일시적으로 증가하거나 감소하더라도 시간이 지나면 개체들이 스스로 늘어나고 줄어드는 것을 반복하면서 질서를 지켜 나가거든.

먹이 사슬 속 비밀! 생물 농축

생태계의 질서를 완벽하게 유지시켜 줄 것 같은 먹이 사슬에도 문제가 있어. 바로 먹이 사슬의 단계가 올라갈수록 분해되지 않는 독소나 중금속들이 없어지지 않고 차곡차곡 몸속에 쌓이기 때문이야. 결국 이러한 유해 물질들은 분해되지 못한 채 먹이 사슬로 전달되면서 농도가 점점 높아져. 바로 앞에서 먹이 사슬의 원리를 설명했듯이 최초 생산자로부터 최종 소비자로 오는 단계에서 기하급수적으로 유해 물질이 축적되는데, 이것을 생물 농축 현상이라고 해.

유해 물질이 그대로 다 쌓여서 온다니 실감이 안 난다고? 그렇다면 60쪽 그림을 보면 알 수 있어. 오염된 물속에 들어 있던 살충제 DDT는 먹이 사슬을 거쳐 최종 소비자 단계로 가면 거의 천만 배로 농축된다는 무시무시한 사실 말이야.

그 예로 두 가지 환경 재난 사고를 들어 설명해 볼게. 하나는 이

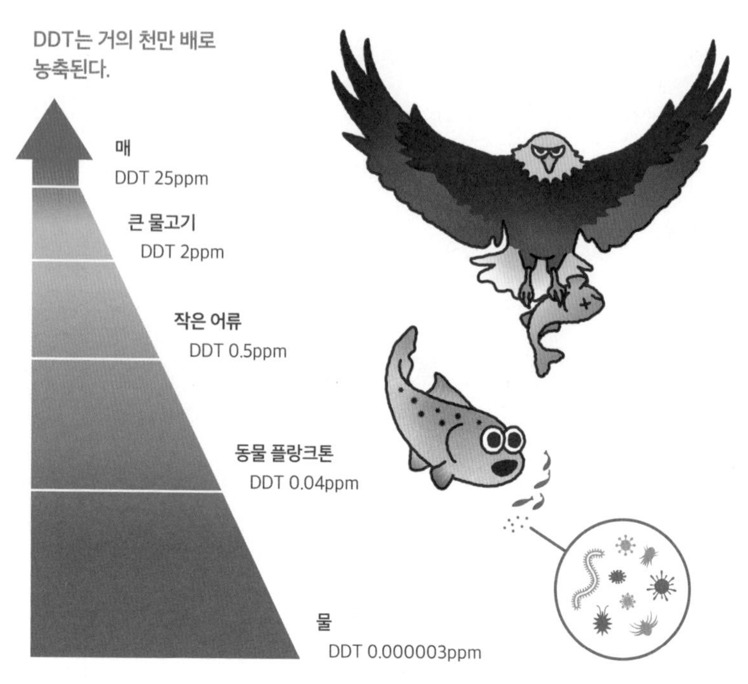

먹이 사슬과 생물 농축을 나타낸 그림.

타이이타이병이야. 기침만 해도 뼈가 부러질 정도로 심하게 아파서 일본어로 '아프다, 아프다'라는 말이 이름이 되었대. 광산에서 아연을 제련할 때 흘러나온 카드뮴에 오염된 물로 벼농사를 지어 쌀을 먹는 바람에, 가장 최종 포식자인 인간의 몸에 농축된 독소로 인해 치명적인 병을 얻게 된 거야.

두 번째도 안타까운 이야기야. 다음 사진 속 도모코는 태어날 때부터 미나마타병에 걸려 있었어. 공장에서 바다로 유출된 수은

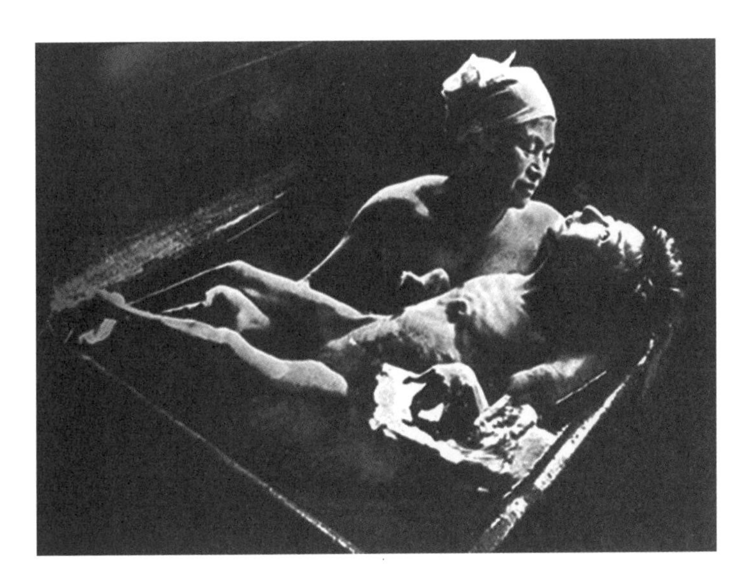

미나마타병에 걸린 도모코의 목욕하는 모습.

에 중독된 물고기 때문이었어. 엄마가 먹은 오염된 생선 속 수은이 뱃속 아기의 몸에 더욱더 농축되어 도모코는 수은 중독에 걸린 채 세상에 나오게 된 거야. 환경 오염을 경고하는 유명한 이 사진은 1970년대의 일본에서 미나마타병에 걸려 식물인간으로 살아가는 도모코가 어머니에 품에 안겨 목욕을 하는 모습을 사실적으로 보여 주고 있어. 선택의 여지도 없이 태어나자마자 식물인간이 되었다는 끔찍한 사실에서 그만큼 생물 농축이 무서운 일이라는 것을 알 수 있지.

그래도 아직 생물 농축이 실감나지 않는다고? 우리가 농사지은 쌀밥을 먹고, 물고기를 먹었다는 이유로 사지가 마비되고 치명적인 독소로 인해 고통 속에 죽어 간다고 생각해 봐. 음식에 독소가 쌓였는지 알아챌 수 없으니 얼마나 억울하고 어이가 없겠어? 매일 먹는 음식마저 안심할 수 없게 만드는 것, 이게 바로 생물 농축 현상으로 인한 환경 사고야.

'바디 버든' 줄이기

혹시 '바디 버든Boby Burden'이라는 말, 들어 봤어? 일정 기간 동안 사람이나 동물의 몸 안에 남아 있는 방사성 원소나 독성 물질 등 특정 화학 물질의 총량을 말하는 거야. 그렇다면 우리 몸속에 어떤 과정을 통해 유해한 물질이 쌓이는 걸까?

우리 몸에 독소가 들어오는 경로는 3가지야. 입과 피부, 그리고 호흡을 통해서지. 그래서 몸에 나쁜 것을 먹지 말고, 몸에 바르거나 쓰는 화학 물질을 조심하고, 또 미세먼지나 매연 등 나쁜 공기를 주의해야 독소가 우리 몸에 쌓이는 것을 줄일 수 있어. 바디 버든의 원리를 이해하기 위해서는 먼저 생물 농축 현상을 알아야 하는데, 바로 앞에서 설명했던 중요한 내용이니까 기억하고 있을 거라고 믿을게. 독성은 먹이 사슬 위로 갈수록 더욱 진하게 생물체의 몸속에 남는다는 원리 말이야.

2004년에 미국 환경 활동 단체가 엄마와 신생아를 연결하는 탯줄에서 얻은 혈액인 제대혈의 성분 조사를 했더니, 무려 200여 종의 유해 물질이 검출되었어! 한 TV 프로그램에서는 열한 살 어린이의 혈액을 검사했는데, 태어난 이후에 노출된 적 없는 금지된 화학 물질이 나와서 큰 충격을 주었지. 그것은 바로 엄마 몸속의 독소가 태반이나 탯줄을 타고 아기의 몸속으로 들어갔다는 것을 의미해. 그리고 더 충격적인 사실은 독소를 전해 준 엄마보

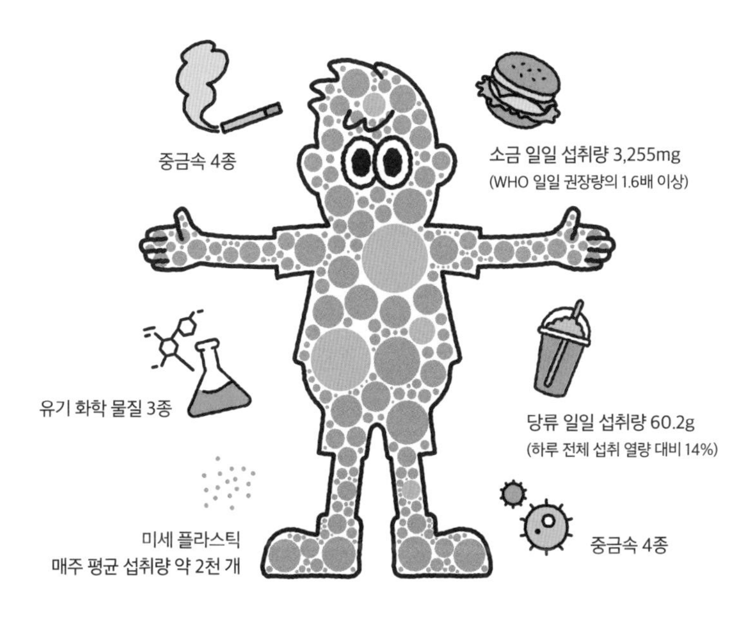

일상생활 속에서 나도 모르게 우리 몸에 쌓이고 있는 각종 유해 물질들.
중금속이나 미세 플라스틱 외에도 소금과 당을 과하게 먹는 것도 몸에 좋지 않다.

다 전달 받은 아이의 몸속에 더욱 농축된 독소가 축적되었다는 것이야. 결국 독성이 더욱 강하게 대물림되고 있다는 것을 증명하고 있는 거지.

지구의 잃어버린 능력

혹시 깨끗한 물을 먹고 쓰는 것을 당연한 것으로 여기고 있지는 않니? 오늘날에도 전 세계 10억 명의 사람들이 안전한 식수를 구하지 못하고 있어. 더러운 물로 전염되는 각종 병원균 때문에 해마다 2,500만 명이 사망하고 있지. 세계 보건 기구WHO에 따르면 물과 관련된 질병으로 8초마다 한 명의 어린이가 사망하고 있대. 이쯤 되면 지금 우리 현실에 감사함을 느끼겠지?

이렇듯 지구상에 깨끗한 물은 물론이고 상하수도 같은 위생 시설 없이 살아가는 사람이 전 세계 인구의 40퍼센트를 차지하는 20억 명 이상이라는 사실은 이제 놀랍지도 않아. 물의 오염도뿐 아니라 물 부족 현상 역시 기후 변화로 인해 더욱 심해지고 있거든. 게다가 환경이 파괴될수록 지구 반대편의 열악한 환경에 처한 사람들이 기본 생존권조차 잃어버리고 있다는 것을 알아야 해.

이 뿐만 아니라 산림 파괴 역시 심각해. 지구의 허파인 아마존이 훼손되면서 원주민 100만 명 외에도 생물 약 300만 종의 서식지가 파괴되었고 그들의 삶을 위협하고 있거든.

그럼에도 보존은커녕 열대 우림은 해마다 줄어들고 있지. 특히 2020년부터 2021년까지 불과 1년 동안 아마존 열대 우림에서 1만 3,235제곱킬로미터의 나무를 잘라냈는데, 이건 지난 2006년 이후 가장 많은 수치야. 지구 온난화의 속도를 높이는 광란의 질주를 하고 있는 셈이지. 마치 숨 쉬지 못하게 지구의 허파를 뜯어내는 것과 다를 바 없어.

2019년 11월에는 호주 본토 어느 곳에도 단 한 방울의 비도 내리지 않았다. 기후 변화로 인한 이례적인 가뭄과 50도를 넘는 고온 현상이 나타나면서 2019~2020년에 일어난 산불로 오스트레일리아 밀림 3,980만 ha가 초토화되었다. 이 불로 많은 사람들이 피난을 떠나고 코알라 등 야생 동물들은 끔찍하게 죽음을 맞이했다(출처: 위키피디아).

그 외에도 오존층 파괴와 지구 온난화로 인한 기후 변화는 지구의 자정 능력과 항상성의 한계를 넘어서서 살아 있는 지구를 죽음으로 몰고 가고 있어. 육지는 지구 전체 평균보다 기온이 약 2배 빠르게 높아졌고, 사막화와 폭염, 폭설과 같은 이상 기온이 나타날 뿐만 아니라 산불도 잦아지고 있어. 게다가 극지방의 빙하와 해빙이 점차 사라지고 있고, 토네이도 같은 강력한 폭풍이 자주 만들어지며 자연재해도 불러일으키고 있지. 이런 환경에서 생물들이 잘 살아가기란 어렵겠지? 다양한 생물 종이 멸종되고,

지구 온난화로 북극의 영구동토층이 빠르게 녹아내리고 있다.
지중온도가 늘 물의 어는 점 이하로 유지되던 영구동토층마저 녹으면서 그 안에 묻혀 있던 온실 기체인 메탄 가스가 방출되어 기후 변화가 더 빨라질 수 있다(출처: 위키피디아).

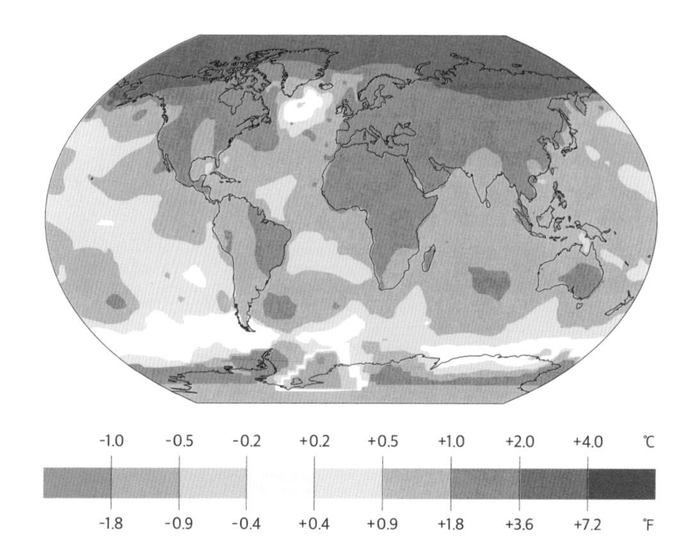

1956~1976년 평균과 대비하여, 2011~2021년간 10년 사이의 평균 지상 기온 차이를 그린 지도. 붉은 색일수록 온도가 많이 올랐다는 의미인데, 대부분의 지역이 주황색부터 붉은 색을 띠고 있어 지구 전체의 기온이 크게 높아졌다는 것을 알 수 있다(출처: 위키피디아).

식량과 물 부족, 홍수 증가, 극심한 폭염, 전염병이 널리 퍼지면서 경제적 손실도 커졌지.

이 같은 상황은 세계 보건 기구가 해수면 상승, 해양 산성화 및 온난화와 같은 기후 변화를 21세기 세계 보건에 가장 큰 위협으로 전망한 이유이기도 해. 기후 변화가 주는 다양한 영향은 현재 기온 상승 수준인 약 1.2도 상승 시점에서도 이미 나타나고 있고, 그 이상의 변화가 일어나면 지구에 돌이킬 수 없는 더 큰 영향을 미칠 수도 있어.

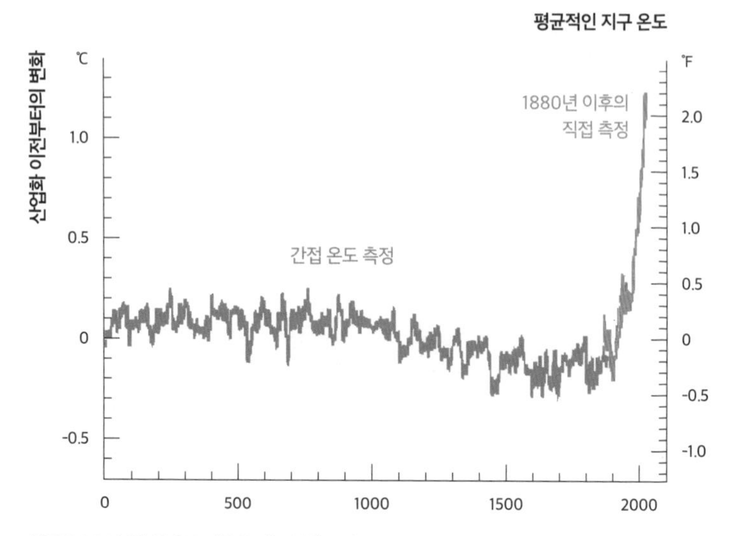

과거 2,000년간의 온도 기록을 재구성한 그래프.
파란색 선은 나이테, 산호초, 북극 아이스 코어 등 간접적인 데이터를 이용해서 추정한 기록이고, 빨간색 선은 온도계를 통해 직접적으로 관측한 온도 기록이다.

이것을 감지한 지구 생태계의 동식물들은 자신들의 죽음으로 지구 위기를 알리고 있는지도 몰라. 어쩌면 자연에 순응하며 사는 그들과 달리 자연에게 끊임없이 해를 가한 인간에게 가이아 여신이 벌을 주는 것일까?

지구 입장에서 가장 골칫거리는 누구일까? 바로 환경 파괴의 주범인 인간이 아닐까? 인구가 늘어나면서 이루어진 과학 발전과 그로 인한 인간 생활의 편리함은 도리어 지구 환경의 질서를 무너뜨렸지. 더구나 인류는 갑작스럽게 생겨나 끊임없이 퍼지는 바이러스와 전쟁 중이야. 인간은 눈에 보이지 않고 새롭게 변하는 적과 싸워야 해. 지금껏 과학 발전으로 해결할 수 있었던 모든 상식을 넘어선 강력한 바이러스의 공격에 사람들은 속수무책으로 죽어 가고 있어. 결국은 인구 개체 수를 줄여서 지구 환경을 지켜 내기 위한 최후의 수단으로 공격하고 있는 것일지도 모르겠어.

세계보건기구는 2020년 3월12일, 코로나19에 대해 세계적 대유행pandemic을 선언했고, 중국에서부터 인접 국가를 넘어 유럽 전역 그리고 미국과 남미까지 대유행이 시작되었지. 지금은 다양한 변종 바이러스까지 세계 모든 나라로 퍼지고 있고 아직도 현재 진행형이야.

4 발전과 생태계 사이, 인류세는 무얼 남길까?

과학이 무서운 속도로 발전하면서
오직 인간의 관점에서 생각하고 만들어낸 것들이
우리가 모르는 사이 지구 곳곳으로 퍼져나가
돌이킬 수 없을 정도로 깊은 상처를 새기고 있어.
이대로라면 우리는 회복할 기회조차 얻지 못하고
지구 생명에 치명적인 것들을 '인류세'의 흔적으로
남기게 될 거야. 지구 특공대원이라면 그 상처들을 찾아내서
치유할 방법을 생각해 보아야겠지?

"내가 만약 히로시마와 나가사키의 일을 예견했었다면, 1905년에 쓴 공식을 찢어 버렸을 것이다If I had foreseen Hiroshima and Nagasaki, I would have torn up my formula in 1905."

알베르트 아인슈타인이 남긴 이 말은 과학 발달로 이룬 위대한 발명이 때로는 무서운 부메랑이 되어 인간을 위협하는 무기로 돌아온다는 것을 보여 주지. 아인슈타인은 2차 세계 대전 중에 적군인 독일의 원자력 연구를 견제하고자 시작된 미국의 원자 폭탄 제조 계획인 '맨해튼 프로젝트'에 서명을 했어. 그런데 정작 독일은 핵무기 개발 전에 전쟁에 항복했기 때문에 더 이상 핵무기 개발과 사용을 하지 못하게 되었고, 그 원자 폭탄이 일본의 히로시마와 나가사키에 투하되었지. 비록 전쟁은 이겼지만 많은 인명 피해를 입히고 자연이 파괴된 것을 보고 아인슈타인은 무척 후회했다고 해.

2차 세계 대전을 끝낼 만큼의 무시무시한 힘을 가진 핵무기 사용은 지질의 변화까지 불러와 급기야 홀로세를 종식시키고 인류세라는 신조어를 탄생시켰어. 핵의 파괴력과 더불어 지구에 방사성 낙진이라는 지울 수 없는 흔적을 남겼기 때문이야. 방사성 낙진은 홀로세와는 다르게 퇴적층에 붉은색 실선을 남기기 때문에 결과적으로 핵을 지질학적으로 홀로세를 종식시킨 주범이라고 할 수 있는 거란다.

핵은 지질학적 변화 외에도 동식물뿐만 아니라 인간에게도 대대손손 희귀 불치병이 유전되는 불행의 씨앗을 품고 살게 만들었어. 그만큼 황폐해진 자연은 많은 치유와 복원의 시간이 필요해졌지. 사람들은 러시아의 체르노빌과 일본 후쿠시마 원자력발전소 유출 사고로 핵의 위험을 몸소 겪고 나서야 심각성을 깨닫게 되었어.

우리 삶 곳곳에서 유용하게 쓰이는 플라스틱도 더 이상 신통방

통한 만물박사가 아니야. 썩지 않고 무서운 속도로 늘어나는 쓰레기로 남아 지구의 골칫덩이가 되었어. 게다가 잘게 부서진 플라스틱, 즉 미세 플라스틱은 눈에 보이지도 않아서 지구 생물체를 위협하는 또 다른 존재가 되었지. 미세 플라스틱 중 작은 것은 사람의 머리카락 지름보다 작아서 현미경으로 봐야 보일 정도거든.

그런데 가장 소름끼치는 사실은 바로 이러한 미세 플라스틱이 어류는 물론이고 야생 동물, 인간에 이르기까지 생명체의 몸속에 쌓였을 때 어떤 문제가 생길지 아무도 모른다는 거야. 플라스틱의 나이는 불과 150년, 그리고 미세 플라스틱의 존재를 알게 된 건 겨우 15년 정도밖에 되지 않아서, 플라스틱을 만든 인간조차도 아직 잘 모르고 있다는 거지. 편리하고 유용한 줄만 알았던 플라스틱이 인간을 역습하고 있다는 징조이기도 해.

이렇듯 자연 생태계를 위협하고 지구 환경을 파괴하는 인간의 행위가 얼마나 무서운 결과를 가져오는지 가까이로는 우리들의 식탁에서도 확인할 수 있어.

치명적인 방사능 오염 물질

인류 역사상 최악의 원전 사고는 1986년에 일어난 체르노빌 원자력발전소 폭발이야. 국제 환경 단체인 그린피스의 보고서에 따

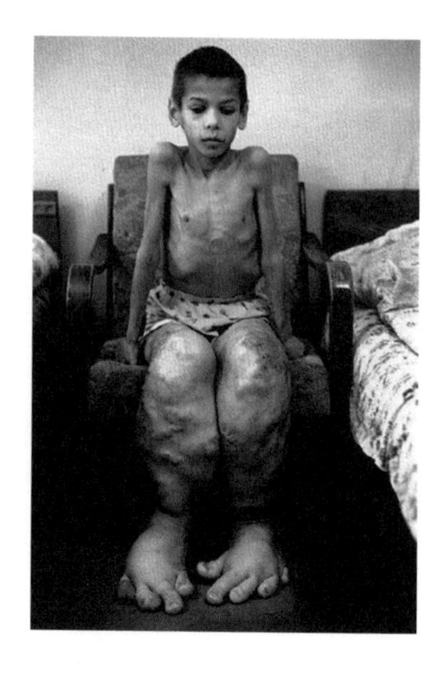

체르노빌 원자력발전소 폭발로 인해 방사능에 피폭된 사람들의 갑상선 질환 및 암, 백혈병 등의 발병률이 50퍼센트 이상 증가했다. 유산되거나 기형아로 태어나는 확률 역시 크게 늘어났다(출처: 위키피디아).

르면 우크라이나, 벨라루스, 러시아 등 3개국에서만 20만 명이 사망했을 것으로 추정했고, 약 9만 3천 명의 피폭자들이 암과 같은 질병에 걸렸다고 보고했지. 폭발이 얼마나 컸는지 방사능 낙진이 바람을 타고 흘러가면서 유럽은 물론이고 전 세계적으로 피해를 입혔어. 게다가 살아남은 가족조차 방사능으로 생긴 각종 질병이 대물림받고 있다는 것이 더욱 무서운 사실이지. 치명적인 병이 유전되고 기형아가 태어났으니 말이야.

무엇보다 핵의 가장 무서운 위험성은 바로 끊임없이 핵분열을 하면서 사라지지 않는다는 점이야. 그래서 핵 누출 사고 후에 원자로를 콘크리트로 덮어 방사능은 응급 처치되었지만, 현재도 철제 방호벽을 덧씌우는 작업을 계획하고 있을 정도로 우리는 언제 터질지 모를 시한폭탄을 안고 살고 있단다.

체르노빌 원전 사고 후, 원전 반경 30킬로미터 이내의 지역이 통제되어 약 37만 명이 삶의 터전을 잃고 집단 이주를 해야 했어. 그 후 1990년에 국제원자력기구IAEA는 국제원자력사고등급INES을 정해서 원전 사고의 규모와 심각한 정도를 숫자로 정했어. 1~3등급은 고장, 4~7등급은 사고인데, 숫자가 높을수록 더 큰 위험성을 경고하고 있지. 현재까지 체르노빌과 후쿠시마 사

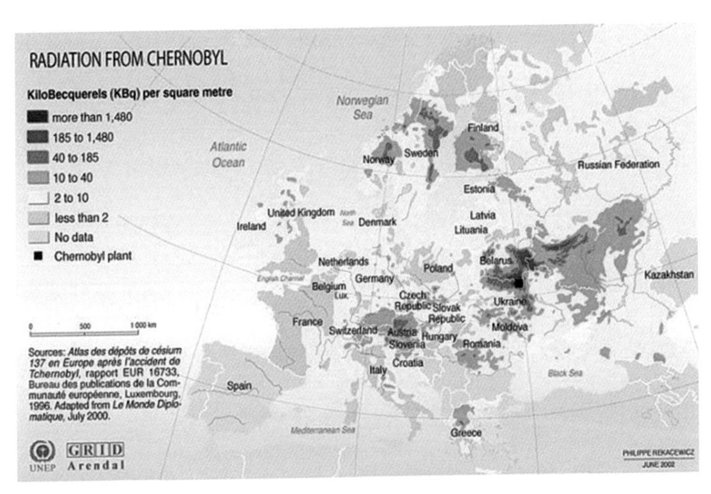

체르노빌 원자력발전소 폭발 사고로 피해를 입은 지역을 표시한 지도. 색이 진할수록 방사능 피해가 큰 지역이다(출처: 위키피디아).

고 모두 국제원자력사고등급 7등급으로 분류된 최악의 사건이야.

여기서 후쿠시마 원자력발전소 사고는 자연의 힘이 과학보다 무섭다는 사실을 보여 준 사건이지. 2011년 3월 11일, 일본 도호쿠 지방의 태평양 앞바다에서 9.0의 대지진이 일어났어. 곧이어 지진의 여파로 거대한 지진해일인 쓰나미가 밀려들면서 후쿠시마 원자력발전소를 강타한 거야.

어떤 일이 벌어졌을까? 인간이 만든 과학의 힘을 비웃듯 자연의 거대한 힘이 원자로를 멈춰 세우면서 방사능이 누출되고 말았어. 사람들은 삶의 터전이 순식간에 생명체가 살 수 없는 오염된 유령 도시로 전락하는 것을 지켜봐야 했지. 그런데도 일본 정부는 어마어마한 양의 방사성 물질이 누출된 것도 모자라, 무려 정상적인 원자로 노심보다 1만 배나 농도가 높은 방사능 오염수를 바다로 버렸어.

이건 정말 어처구니가 없는 일이야. 일본 주변 바다 생태계를 파괴한 것은 물론이고 방사능 오염수가 해류를 타고 전 세계로 퍼져 나갔거든. 일본의 양심 없는 행위 때문에 지구의 바다 생태계는 우리의 상상을 초월할 만큼 오염되고 있어. 그 피해는 더 많은 세월이 흐른 뒤에 우리의 몸을 거쳐 후대까지 이어질 것이라는 점에서 더욱 걱정스러워. 바다가 고요히 병들어 가면 그 바다로부터 온 먹거리를 먹는 인간 역시 위험해. 그 피해의 결과는 누구도 예측할 수조차 없기 때문이지.

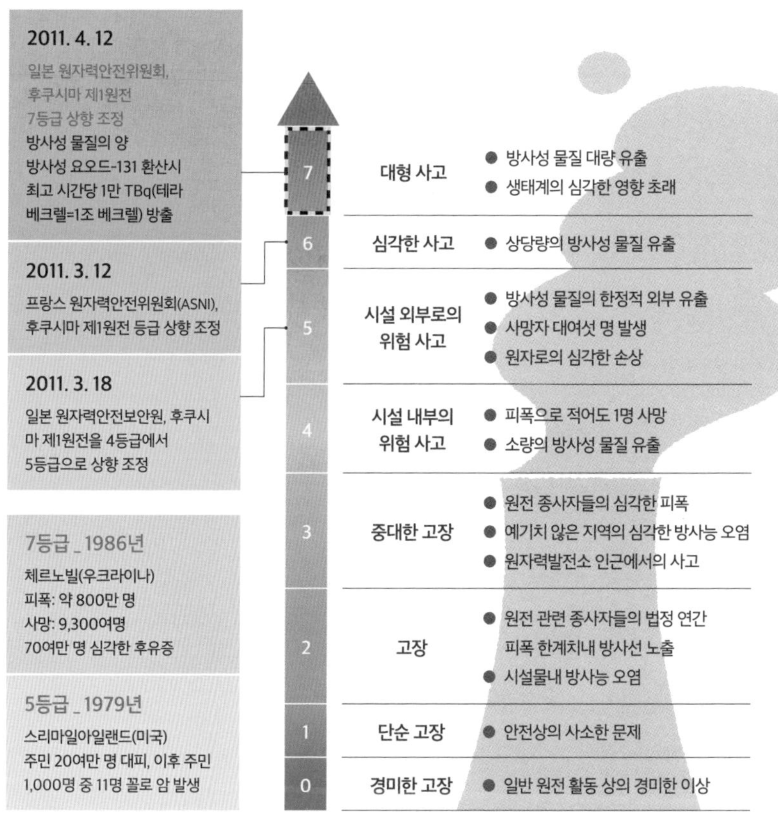

국제 원자력 사고 등급 (INES).
일본 후쿠시마 원전 사고는 체르노빌 원전 사고와 같은 레벨 7으로, 등급 중 최고 위험단계에 해당한다.

머리가 두 개인
옥수수 봤어?
무슨 물고기가
이렇게 커?
원래 우리 귀가
두 개라고?
우리는 토끼가
아닌 걸까?

뿐만 아니라 방사성 물질은 심각한 토양 오염을 일으키는데, 사고 당시 방사능이 편서풍을 타고 태평양쪽으로 퍼지면서 이웃 나라인 우리나라에서도 극미량이지만 요오드-131과 같은 방사성 원소가 대기 중에서 검출되기도 했어.

이 사고로 원전의 위험성을 몸소 확인한 다른 나라들은 경각심을 갖게 되었지. 왜 방사성 물질이 위험한지에 관해서 더 자세한 설명은 필요 없을 거야. 사건은 현재 진행중이니까.

방사능 피해는 지질 뿐 아닌 모든 생태계의 질서를 무너뜨리고 깊은 상처가 되어 흔적을 남기고 있어. 이미 괴물 같은 크기의 물고기와 귀 없는 토끼, 그리고 기형 식물까지 자연의 법칙이 깨지는 현상을 확인하고 있는 중이지. 그렇지만 이것은 서막에 불과할 뿐, 먼 훗날 우리가 감당할 수 없을 만큼 지구 생명체를 변하게 할지도 몰라.

앞서 잠깐 언급했듯이 플라스틱 역시 과학이 만들어 낸 획기적인 발명품이야. 게다가 야생 동물을 구하기 위해 만들어진 선한 발명품이었지. 플라스틱이 코끼리를 살렸거든! 무슨 말이냐구?

바로 미국의 당구 선수이자 당구 용품 회사 대표였던 마이클 펠란이 코끼리 상아를 대신할 수 있는 재료를 찾아 당구공을 만들면 1만 달러의 상금을 주겠다고 광고를 했고, 이에 존 웨슬리 하이엇이라는 발명가가 플라스틱을 발명하게 된 거야. 그들의 노력과 도전은 코끼리뿐만 아니라 수많은 야생동물과 인류의 역사도 바꾸었어. 인류의 발전을 가져 온 돌, 청동, 철을 이어 플라스틱도 인류의 문명을 바꾼 거지.

그 후 플라스틱은 2차 세계 대전 후에 대량 생산되면서 현대 문명의 새 장을 열었어. 처음 플라스틱이 개발되었을 때, 목재보다 강하고 철보다 가볍고 고무보다 단단한 데다 가격까지 싼 이 신통방통한 발명품은 전 산업 분야에 널리 쓰였지. 게다가 깨지지도 않는 데다 모양도 자유자재로 만들어 낼 수 있고 다양한 색을 입힐 수 있다는 특성 덕분에 수많은 물건들로 재탄생할 수 있었단다.

지금 우리 주변을 둘러보면 플라스틱만큼 많이 사용되는 소재는 없을 거야. 당장 이 글을 쓰고 있는 지금, 키보드부터 시작해서 컴퓨터 본체, 마우스, 전선과 입고 있는 옷의 섬유도 플라스틱으로부터 온 거지. 자동차 부품과 전자기기는 물론 생활용품은 말할 것도 없고 일회용품은 전부라고 해도 과언이 아니야.

이렇듯 만들어진지 100년이 채 안 되는 짧은 기간 동안 플라스틱은 인류의 역사와 함께 해 온 유리, 나무, 철, 종이, 섬유와 같은 기존의 재료들을 모조리 갈아 치웠어. 식품, 화장품, 세제, 의약품, 가전, 자동차 등 현대인의 생활은 모두 플라스틱으로 둘러싸여 있잖아?

그런데 이런 유용한 플라스틱은 오늘날 사라지지 않는 쓰레기로 남아 지구 환경을 파괴하는 주범이 되고 있어. 20세기 기적의 발명품이 오히려 재앙의 씨앗이 된 거지.

그 이유는 '분해'가 안 되기 때문이야. 플라스틱은 큰 분자량을 갖고 있거든. 분해가 되려면 분자들이 엮인 사슬을 끊어야 하는데 분자량이 크니까 끊기 어렵고, 고분자이기 때문에 많은 에너지가 필요해. 땅속에 묻어도 500년이나 지나야 하고 태우면 중금속, 다이옥신과 같은 독성 물질을 내뿜거든. 물론 일부는 재활용이 되지만 전체 플라스틱 생산량에 비하면 매우 적은 양에 불과해.

최근 이렇게 잘 썩지 않아 환경에 골칫거리인 플라스틱을 처리하려는 연구가 활발하게 이루어지고 있어. 과학자들은 플라스틱 문제를 해결하기 위해 여러 방법을 찾고 있지. 대표적인 방법은 미생물로 플라스틱을 분해시키는 거야. 그래서 100퍼센트 자연으로 돌아가는 플라스틱, 일명 '바이오 플라스틱'을 개발했지. 이 '생분해성 플라스틱Biodegradable plastic'은 박테리아나 조류, 곰팡이와 같은 미생물로 분해될 수 있거든. 게다가 자연적인 부산물만 남겨. 이산화탄소, 메탄, 물 같은 것들 말이야.

이쯤 되면 미생물이 플라스틱을 어떻게 갈아서 먹어 치우는지 궁금하지 않아? 생분해성 플라스틱의 미생물은 분해를 위해 결합을 끊어 주는 역할을 해. 미생물이 분해한 효소가 고분자인 플라스틱을 저분자로 잘게 잘라 주면 미생물이 저분자를 흡수하고 소화시켜 먹어 치우는 거지. 이러한 분해 과정은 '열화→생물 절단→동화 작용→광화 작용'의 4단계를 거쳐 이루어진다고 해.

프랑스 툴루즈대 연구진과 화학 기업 카르비오스는 "효소를 이용해 플라스틱 페트병을 10시간 안에 90퍼센트 이상 분해했다"고 발표했어. 자연에서 분해되려면 수백 년이 걸리는 일을 반나절로 단축한 획기적인 결과였지.

과학자들은 미생물이나 곤충 등에서 플라스틱 분해 효소를 찾아내고 있고, 최근에는 다 쓰고 버린 플라스틱 제품을 원 상태로 되돌려 무제한으로 재활용하는 방법까지 연구되고 있다고 해. 지금까지는 폐플라스틱을 분쇄해 녹인 뒤 다시 제품으로 가공하는 '물리적 재활용' 방식을 많이 썼지만 한계가 있었거든.

최근에는 고온·고압 조건에서 촉매 물질을 더해 플라스틱 기초 원료로 되돌린 뒤 제품을 새롭게 만드는 '화학적 재활용' 기술이 나왔단다.

옥수수나 사탕수수, 콩 등을 이용해서 바이오 플라스틱을 만드는 노력도 꾸준히 이루어지고 있는데, 미생물의 체내에 있는 폴리에스터를 이용해 플라스틱을 만드는 거야. 시간이 지나면 토양 속 세균에 의해 최종적으로 물과 이산화탄소로 분해되기 때문에 친환경적이지. 얼마 전에는 우리나라 카이스트 연구진이 플라스틱 합성에 필요한 물질을 생산하는 유전자 조작 대장균을 발명하기도 했어.

어쨌든 여기저기에 알맞게 잘 쓰일 것만 같던 플라스틱이 500년이 지나도 썩지 않는 무시무시한 불사조였음을 깨닫는 데는 그리 오래 걸리지 않았어. 인류세의 시작 시점으로 보는 1950년 이후 65년간의 플라스틱의 생산과 폐기의 전 과정을 연구한 결과, 83억 톤의 플라스틱을 만들어 냈고 무려 63억 톤을 버렸다고 해. 이 천문학적인 숫자만 봐도 인류세의 화석으로 플라스틱이 남게 될 것이라는 것에 의심의 여지가 없지?

지구가 플라스틱 쓰레기로 몸살을 앓고 생명체의 목숨과 건강을 위협하는 것을 겪고도 인류는 편리하다는 이유로 끊임없이 플라스틱을 만들어냈지. 플라스틱에 파묻힌 지구에게는 지옥이 시작된 거야. 지금 이 순간에도 플라스틱은 여전히 만들어져 쓰이고, 버려지고 있어. 매년 쏟아지는 플라스틱의 양은 무려 약 2억 7천만 톤에 달해. 현재까지 생산된 플라스틱이 83억 톤인데, 사용 중인 플라스틱은 25억 톤 그리고 버려진 플라스틱은 49억 톤이고 그중 소각되는 것이 8억 톤, 재활용은 6억 톤에 불과해.

그중에서 해양으로 흘러들어 간 플라스틱 쓰레기는 800만 톤이고, 이 양은 2010년에 잡은 참치 665만 톤보다 많은 양이야. 바닷속에 사는 수많은 물고기보다 어쩌면 플라스틱이 더 많아질 날도 멀지 않았을지도 몰라.

앞으로 얼마나 더 많은 플라스틱 쓰레기가 생길까? 2030년의 플라스틱 쓰레기 배출량을 예측했는데, 각 나라가 줄이기로 한

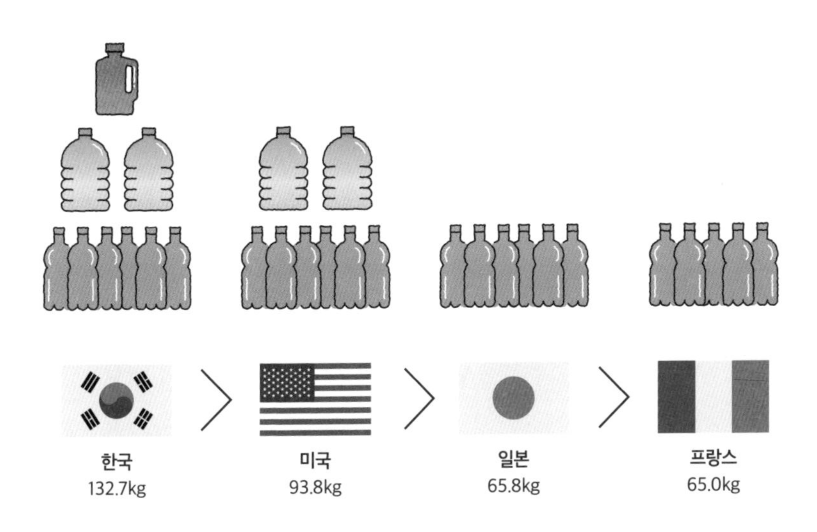

2015년 각 나라별 1인당 플라스틱 연간 사용량. 미국과 일본, 프랑스와 비교했을 때 우리나라가 가장 많은 플라스틱을 사용하고 있다는 것을 알 수 있다(출처:EUROMAP(2016)).

약속을 지키려 노력한다 해도 무려 5,300만 톤에 달할 거라고 해. 국가별로 1인당 연간 플라스틱 사용량을 조사했더니 132.7킬로그램으로 우리나라가 미국 93.8킬로그램보다 많았어. 특히 우리나라는 세계 최고의 IT강국으로 초고속 인터넷이 전국망으로 연결된 덕분에 배달 어플리케이션이 활성화되어 있는데다가, 코로나 팬데믹으로 인해 배달 음식을 먹는 횟수가 늘어나면서 플라스틱 배달 용기 역시 많이 버려지게 된 거야.

또한 전 세계에서 버려지는 플라스틱 쓰레기는 1990년대에 비해 2030년에는 무려 5배 이상 증가할 것이라 추측하고 있어. 지구는 태양 주변을 도는 우주의 작은 행성일 뿐이야. 그 말인즉, 지구 안에서 일어나는 모든 일은 지구 안에서 해결해야 한다는 뜻이기도 해. 오늘날 지구의 큰 골칫거리중 하나가 바로 쓰레기 문제야. 쓰레기는 결국 지구 안에서 돌고 돌 수밖에 없지. 그중에서도 플라스틱 같은 화학 물질로 만들어진 쓰레기는 더욱 심각한 환경 오염을 일으켜.

플라스틱을 태워서 없애 버리면 안 되냐고? 플라스틱을 태우면 미세 먼지가 되어 대기 중에 퍼져 나가고, 유해 물질이 우리 호흡기로 침입하여 핏속에 녹아 몸속을 돌아다녀. 그리고 그 입자는 구름에 숨었다가 빗물이 되어 땅으로 떨어져 농작물로 흡수되거나 물속에 녹아들어 생명체들의 몸속에 남게 되지. 결국 끝없이 돌고 도는 뫼비우스의 띠처럼 나쁜 물질은 순환되고 더욱 더 생물에 농축되는 악순환이 거듭된단다.

게다가 잘게 쪼개진 미세 플라스틱 조각들은 생물들의 몸에 끈질기게 남아 먹이 사슬이라는 생태계의 순환 고리를 따라 작은 생물로부터 최후의 포식자까지 이동해. 결국 먹이 사슬의 맨 위에 있는 포식자는 가장 많은 미세 플라스틱을 먹게 되지. 미세 플라스틱을 먹은 새우를 작은 생선이 먹고 큰 생선이 작은 생선을

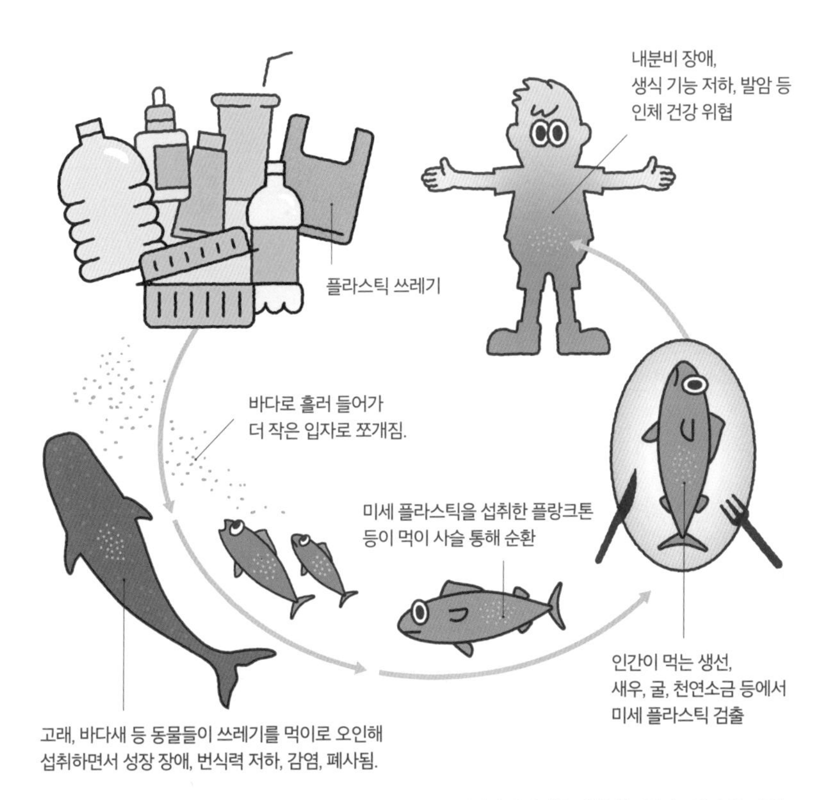

인간과 생태계를 위협하는 플라스틱 순환 과정.

먹은 후, 오리가 큰 생선을 먹고 그 오리를 인간이 먹는 먹이 사슬을 타고 올라가게 되니 우리 인간이 가장 많은 미세 플라스틱과 농축된 독성을 먹게 되는 거야.

그런 의미에서 생각해 보면 우리가 플라스틱을 사용하고 버리는 문제를 결코 가볍게 여겨선 안 된다는 거, 알 수 있겠지? 제발 모두가 플라스틱 쓰레기를 심각한 문제로 인식하고 우리 생활 습관을 돌아보았으면 좋겠어.

혹시 '플라스틱 아일랜드plastic island'라고 들어 봤니? 섬인데 플라스틱이라고? 토양이 아닌 플라스틱으로 만든 인공 섬일까? 이름만으로는 아리송할 수 있어. 엄밀히 말하자면 섬이 아니라 바다 위에 떠 있는 어마어마한 플라스틱 쓰레기 더미야. 다른 말로 '태평양 거대 쓰레기 지대Great Pacific garbage patch, Pacific trash vortex'라고 해. 플라스틱이 가볍고 잘 떠다니기 때문에 가라

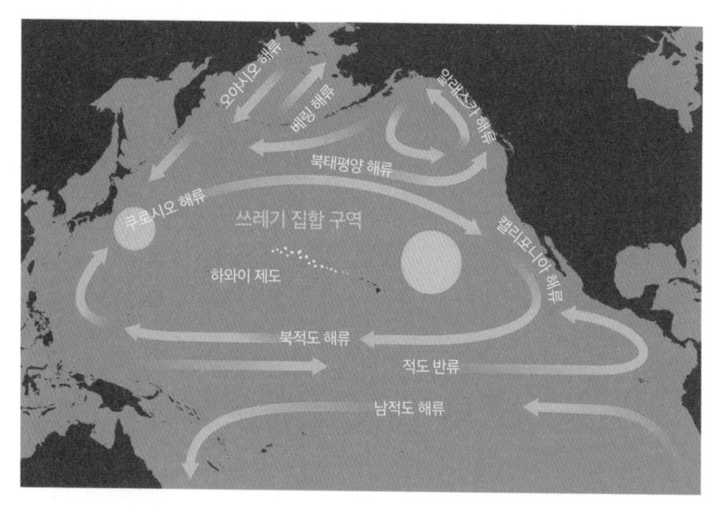

대양의 환류를 따라 플라스틱을 포함한 여러 쓰레기가 섬처럼 모여 둥둥 떠 있다. 가장 큰 쓰레기 섬은 북태평양에 있다.

앉지 않고 바다 위에서 해류를 타고 모이면서 뭉치게 된 거지.

마치 섬처럼 플라스틱 쓰레기가 한곳으로 모인 이유는 태평양의 원형 순환 해류와 바람 때문이야. 태평양 쓰레기 섬은 쿠로시오 해류, 북태평양 해류, 캘리포니아 해류, 북적도 해류가 원형으로 순환하는 환류 안쪽에 모여 만들어지는데, 그곳에는 물의 흐름이 거의 없기 때문이야.

최초로 플라스틱 섬을 발견한 사람은 미국의 해양 환경 운동가인 찰스 무어였어. 1997년, 하와이에서 열린 요트 경기에 참여해 LA로 향하던 중 북태평양 한가운데에서 거대한 플라스틱 쓰레기 더미를 보게 된 거지. 이 쓰레기 더미들은 지금까지 인류가 만든 그 어떤 인공물보다도 크다고 해. 우리나라의 약 16배 크기이고 미국 텍사스의 2배, 프랑스의 3배에 달한단다. 상상할 수 있겠어? 넓이는 약 160만 제곱킬로미터로, 무게는 8만 톤이야.

플라스틱 섬 외에도 하와이 야생 동물 기금이 단 이틀 동안 치운 해안 쓰레기의 무려 90퍼센트가 플라스틱이었대. 문제는 태평양의 거대 플라스틱 쓰레기 때문에 수많은 해양 생물들이 죽음의 위기를 겪게 되면서 해양 생태계의 질서를 무너뜨리고 있다는 사실이야. 지구 표면의 70퍼센트를 차지하는 바다 생태계가 망가진다면 전 지구적인 차원에서 가장 심각한 피해를 불러올 것이라는 건 쉽게 짐작할 수 있지? 결국엔 인간도 멸종될 수 있을 뿐 아니라 지구 전체에 여섯 번째 대멸종이 일어날 수도 있어. 우리가 지금처럼 플라스틱을 쉽게 쓰고 버리면 그 속도는 더욱 빨라질 거야.

이렇게 바다로 흘러들어 간 플라스틱이 망망대해 위에 커다란 플라스틱 섬으로 뭉쳐 있다 보니, 바다에서 넘실거리는 이 플라스틱들은 알록달록한 색깔을 갖고 있어 바다 생물들이 먹이로 착각해서 먹기도 해. 새 중에는 먹이를 찾아 쓰레기 더미를 헤치다가 폐그물에 부리가 묶여 먹이를 먹지 못해 병들거나 굶어 죽기도 한단다.

그러한 피해는 너무도 많아. 필리핀에서 지난 10년간 자연사한 고래 63마리 중 50마리의 뱃속에서 어김없이 플라스틱 쓰레기가 나왔다는 사실을 보더라도 더 이상 놀라울 것이 없는 일이 됐지. 고래 한 마리의 뱃속에서 무려 40킬로그램의 플라스틱 쓰레기가 나왔다고 해. 또 그 주변 지역에서 잡힌 어류를 조사한 결과, 35퍼센트의 물고기 뱃속에 미세 플라스틱이 있음을 확인했어. 북해 연안에서 죽은 풀마갈매기 95퍼센트의 뱃속에서도 발견되었지. 플라스틱 쓰레기는 전 세계 해양에 넓게 퍼져 있는 것은 물론이고 북극해, 빙하도 점령했어.

버려진 그물이 몸을 휘감아 움직이지 못하는 바다표범.
인간이 풀어 주지 않으면 이대로 죽게 된다. (출처: 위키미디어 커먼즈)(위)
우리가 먹고 버린 음료수나 생수의 페트병 등 다양한 플라스틱 쓰레기들이 뭉친 것을
오리가 둥지처럼 쓰고 있다. (출처: 위키피디아)(아래)

이처럼 해양 생물들은 갈수록 살기 힘들어지는 바다 생태계에서 혼돈의 시대를 맞이하고 있지. 인간들이 무분별하게 쓰고 버린 편리하고 실용적인 발명품 플라스틱이 그들에겐 치명적인 살인 무기임을 죽음으로 증명하고 있는 거야. 이렇듯 지구상에 태어나 단 한 번도 플라스틱을 사용하지도 않았던 바다 생물들이 희생양이 되고 있으니, 우리 중에 이에 대한 책임이 없는 사람이 과연 있을까?

그 뿐만 아니라 강렬한 햇빛으로 분해된 플라스틱의 화학 성분은 바닷물을 오염시켜 바다 생물의 몸속에 침투하고 있지. 플라스틱은 파도와 햇빛으로 더 잘게 조각으로 부서져서 바닷속으로 녹아들고 있어. 또한 플라스틱이 태양의 강한 빛에 반응하면 온실가스가 발생하기 때문에 지구 온난화에까지 영향을 주고 있단다. 플라스틱 쓰레기는 정말 여러모로 골칫거리야.

그런데 말이야, 과연 바다에 사는 생물들에게만 플라스틱이 위협적일까? 그건 아니야. 두바이 사막 한가운데 사는 낙타의 위 속에서 비닐봉지들을 발견하는 일은 흔하고, 우리나라 철새 지역인 태화강에 찾아온 떼까마귀는 고무줄과 비닐로 엉킨 쓰레기를 소화하지 못해서 토해내고 있어.

그렇다면 우리 인간은 플라스틱을 구분할 수 있으니 안전한 걸까? 플라스틱을 씹어 먹지도 않았는데 무슨 말이냐고? 앞서 말한 대로 이미 먹이 사슬을 타고 온 미세 플라스틱은 인간의 식탁을 점령했고 우리 몸속에 차곡차곡 쌓이고 있어. 건강한 음식으로 여겨졌던 해조류조차도 양식에 쓰이는 스티로폼 부표 같은 것들이 분해된 미세 플라스틱을 먹고, 우리 식탁에 올라오게 되는 거야. 우리는 더욱 농축된 플라스틱 화학 물질을 먹게 되는 것이지.

이렇게 바다와 육지 모두 플라스틱이 넘쳐나고 있으니 플라스틱 쓰레기가 인류의 흔적을 대표하는 화석으로 남는다고 해도 이상하지 않아. 버려지는 양이 어마어마하니 나중에는 암석화된 플라스틱이 지구 광물보다 많아지는 날이 올지도 모르겠어.

고생대는 삼엽충, 중생대는 암모나이트가 대표 화석인데 과연 인류세의 대표 화석은 무엇이 될까? 지금까지는 닭 뼈일 확률이 높

다고 해. 지구에는 77억 명 인구수의 3배를 훨씬 넘는 약 230억 마리의 닭이 살고 있거든. 도대체 왜 이렇게 많은 닭들이 필요한 걸까? 자연이 정한 먹이 사슬의 수용 범위를 이미 넘어선 닭의 존재감은 어디서 오는 것 일까?

바로 우리의 식탁이야. 전 세계적으로 닭 요리는 대표적인 음식에 속하고 오늘날엔 패스트푸드점에서 셀 수 없이 팔려 나가면서, 닭은 이미 단순한 가축이 아닌 고도로 상업화된 상품이 되었어. 자본주의 경제 체제 안에서 공장에서 대량 생산되는 물건인 것이지.

그렇다 보니 닭이 커야 돈을 더 많이 벌겠지? 1950년대의 닭에 비해 2010년대의 닭은 5배나 크고 빠르게 키워서 겨우 5~6주 사이에 도축되어 상품으로 만들어졌어. 닭은 본래의 수명을 다하지 못하고 고기가 되기 위해 태어나 고작 한 달 남짓 살고 죽어야만 하는 운명인 거야. 생명으로서 닭의 의지나 생태계의 질서는 돈을 벌고자 하는 인간에게 중요하지 않은 걸까? 만약 인간이 태어나자마자 성장 발육제로 몸만 커진 채 4~5년 만에, 그것도 이유도 모른 채 죽어야만 한다면 얼마나 끔찍하겠어.

넘쳐 나는 닭과는 반대로 야생 동물은 줄어들어서 생태계 균형이 깨지고 있어. 인간과 인간을 위한, 인간이 키우는 가축은 지구의 97퍼센트를 차지하는데 반해서 야생동물은 겨우 3퍼센트야. 이 비정상적인 비율은 자연의 섭리를 철저히 무시하고 먹이 사슬의 질서를 무너뜨렸어. 미래에 조지 오웰의 《동물 농장》처럼 동물이 주인인 세상이 온다면 아마도 개체 수가 많은 닭이 우두머리가 되지 않을까?

지금 우리는 치킨 공화국에 살고 있어. 국민 수보다 많은 닭들의 나라인 셈이지, 그런데 그 민낯은 정말 상상 이상이야. 앞서 말했듯, 우리의 식탁 위에 오르는 닭은 농장에서 키워진다기보다 공장에서 만들어지는 상품에 지나지 않아. 만약에 한 달 동안 잠을 못 잔다면 어떨까? 미쳐버리거나 살 수 없을 거야. 가장 큰 고통 중 하나가 잠을 못자는 것이거든.

그런데 양계장에서는 1평에 병아리 70마리를 몰아넣고 잠을 안 재워. 늘 24시간 환하게 전깃불을 밝히고 좁은 공간에서 움직이지 못하게 하지. 그래야만 사료를 계속 먹게 되고 50그램이었던 몸무게를 순식간에 1.5킬로그램까지 불어나게 만들 수 있으니까. 이런 곳에서 태어나 한 달 만에 거대한 몸이 되어 죽는 거지. 게다가 좁은 공간에서 먹고 배설하기 때문에 지독한 암모니아 냄새로 가득 찬 환경에서 살아야 해. 자연히 병에 잘 걸릴 수밖에 없으니 항생제를 먹이게 되는 거고.

이런 악순환 속에서 조류 독감 같은 치명적인 전염병이 돌면 닭들은 산 채로 커다란 웅덩이에 묻혀 죽게 되지. 그러니 지질학적으로 땅속에 얼마나 많은 닭 뼈가 있을지 상상해 봐.

닭의 수가 많다는 것은 단순히 지구가 '닭 행성' 취급을 받는 오점을 넘어서 우리의 식탁을 위협하는 심각한 문제란다. 천천히 성장해야 하는 생애 주기를 항생제와 성장 촉진제로 조절해서 키워낸 닭을 먹은 우리는 몸에 아무 이상이 없을까? 이익을 내기 위해서 수단과 방법을 가리지 않는 일에 우리는 알게 모르게 동참하고 있어. 마치 공장에서 물건을 찍어내듯 말이야. 이것은 비단 닭만의 문제가 아니고 모든 공장형 축산 시설에서 키워지는 식용 동물 모두에 포함되는 문제란다.

항생제와 성장 촉진제 그리고 공장형 사육은 조류 독감이나 돼지 열병 같은 바이러스가 창궐하는 심각한 상황을 불러올 수밖에 없어. 이것은 지금 전 세계에 휘몰아친 코로나 팬데믹의 시작을 예고한 것인지도 몰라. 그만큼 아직 우리가 알지 못하는 무시무시한 일들이 이미 벌어지고 있는지도 모르고, 또 언제 무엇이 세상을 공격할지 알 수 없어.

결국 인간이 생태계의 질서와 자연의 섭리를 어긴 대가로 우리 역시 건강을 위협당하고 있는 것이 아닐까? 사람이든 동물이든

식물이든, 생명을 이어 나가는 데 꼭 필요한 먹거리는 안전해야만 해. 생명에 대한 존중이기도 하고 그래야만 자연의 법칙 속에서 생태계의 순환이 이루어질 테니까 말이야.

또한 무엇보다 인권이 중요하듯 동물권에 대해서도 생각해 봐야 해. 동물권은 윤리적 측면에서 동물들의 권리를 지켜 주는, 지극히 당연히 해야 할 일이야. 자연의 순리를 지키며 인간에게 희생당하는 동물에 대한 최소한의 예의를 지킬 때, 적어도 인간이 만물의 영장이라고 말할 수 있지 않을까?

동물들의 다잉 메시지

지구상의 생명체 중 유일하게 인간만 자살을 한다고 해. 그런데 갑자기 지구 곳곳에서 동물들이 영문도 모르게 떼죽음을 맞이하는 일이 빈번하게 일어나고 있어. 그 이유는 뭘까? 이제 더 이상 버티지 못하겠다는 항의의 표시는 아닐까? 그동안 인류가 자연의 순리를 거스른 결과로 일어난 생태계 파괴와 기후 변화 등 지구 환경 변화 때문일 거라고 추측할 뿐이야.

이유야 무엇이든 간에 동물들이 자신들의 죽음으로 지구의 위험을 알리는 것은 아닌지 심각하게 생각해 봐야 하는 건 확실해. 말했다시피 동물들의 집단 의문사가 줄줄이 잇따르고 있고, 이건 분명 이상 현상이니까.

예를 들면, 갑자기 하늘에서 수천 마리의 새 떼가 후드득 땅으로 떨어져 죽는가 하면, 죽은 물고기가 강과 바다를 가득 메우기도 해. 미국 아칸소주 비브에서 찌르레기 5천여 마리가 떨어져 죽었고, 루이지애나주 포인트 쿠피 패리시에서는 붉은어깨찌르레기 5백여 마리, 그리고 펜실베이니아주 길버츠빌에서도 새들이 집단 추락사했어.

바다 생물도 예외는 아니야. 무게만 100톤이 넘는 정어리와 메기 떼가 브라질 남부 항구도시 파라나구아 해안에서 죽은 채 떠올랐지. 공교롭게도 같은 날, 영국 켄트 해안에서는 꽃게 4만 마리가 떼죽음을 당했어. 중국 광저우에서는 지렁이 수천 마리가 연일 도로로 나와 죽고 말았지.

이런 현상을 동물의 '다잉 메시지dying message'라고 해. 죽음으로 어떤 메시지를 전하고 있다는 뜻이지. 누구도 뚜렷한 원인을 찾지 못하고 있어. 여러 가지 정황을 들어 사고일 것이라는 주장도 있지. 하지만 중요한 것은 동물들이 그들의 죽음으로 우리 인간에게 전하려는 메시지를 파악하는 일이야.

예로부터 사람들은 동물들이 가지고 있는 특별한 능력인 예민한 오감과 천재지변을 알아채는 예지력을 알고 있었거든. 과학기술이 발달하지 못했던 시절, 먼 항해를 하는 배에 태운 동물의 이상 행동을 통해서 태풍이나 폭우 등을 대비했지.

지금도 천재지변의 조짐이 보일 때면 동물들의 이상 행동이 여러 곳에서 목격되고 있어. 뉴질랜드 해안에서는 고래 109마리가

2012년에 페루 람바예케주의 해변가에 무더기로 죽은 채 밀려 온 돌고래들의 모습.
근래에 이 해변에서 죽은 채로 발견된 돌고래는 3천여 마리에 달했다.
죽음의 원인으로는 해저에서 이뤄진 무리한 에너지 개발 때문인 것으로 밝혀졌다(출처: 레푸블리카).

한꺼번에 죽고 나서 3일 후에 대규모 지진이 강타했고, 중국 쓰촨성 대지진 때도 두꺼비 수십만 마리가 이동하며 도로를 뒤덮었다고 해.

그렇기 때문에 21세기 들어 부쩍 많이 나타나는 동물들의 다잉 메시지는 인간에게 보내는 마지막 충고라고 생각해도 되겠지? 동물의 죽음, 그 다음은 바로 인간이라는 것을 알려주는 것일지도 모르니까.

지금까지 계속 강조해서 설명한대로, 생태계 순환 고리를 끊고 생태계 제어 능력을 어지럽히는 일은 곧 지구에 전쟁 선포를 하고 시한폭탄을 만들어 품고 있는 일과 같아. 어느 날 갑자기 찾아온 눈에 보이지도 않고 잡을 수도 없는 코로나 바이러스가 세상 사람들을 가두고 죽음으로 몰고 간 것처럼.

지구상의 여섯 번째 대멸종은 바이러스에 의해 일어날지도 모른다는 막연한 예감이 현실로 다가온 것은 바로 코로나 팬데믹이야. 2019년 12월 31일 중국 우한에서 코로나 19 바이러스 환자가 처음 세계 보건 기구에 보고된 이후, 약 2년 만인 2021년 1월 9일에 조사한 바로는 전 세계 사망자 수가 547만 명이고 확진자 수는 3억 명을 돌파했어. 지구는 순식간에 바이러스에 점령되고 있는 중이야. 처음 확진자가 1억 명을 돌파(2021년 1월 26일)하는 데에 1년이 넘게 걸렸지만, 2억 명(2021년 8월 4일)이 되는 것은 그 절반 정도인 191일이었어. 그 이후 2억 명에서 3억 명이 되는 데까지는 그보다도 짧은 157일밖에 걸리지 않았지. 이렇듯 바이러스가 인간을 향해 대대적인 공격을 시작했다면, 우리도 과학의 힘만 믿어 온 교만함을 반성하고 이제부터라도 자연의 법칙을 지켜야만 해.

5 인류세에 남길 나의 발자국

지구에서 살아가면서 누구나 남기게 되는 생태 발자국의 발자취를 따라가 보자. 인간은 생존하기 위해서 지구 자원을 사용하고 도시 생활을 하면서 지구 환경을 파괴하고 있거든. 우리 모두 한 사람의 행동이 지구 환경에 어떤 영향을 미치는지 알아야만 해. 매일 먹고 쓰고 버리는 일상생활의 행위 전부를 다시 한번 돌아보고 환경을 지키는 일에 동참해 보자.
지구 특공대원 여러분! 이번에는 인류세를 맞이한 우리가 지구에 어떤 흔적을 남겨야 할지 고민해 보고, 지구 환경을 지킬 방법을 찾아보도록 해!

세계적인 생태 운동가인 헬레나 노르베르 호지가 쓴《오래된 미래》라는 환경 책이 있어. 제목에서만 보면 오래된 것과 미래의 조합이 가능한 걸까? 보통은 새로운 것과 미래 혹은 오래된 것과 과거가 맞는 짝이겠지.

그런데 이 '오래된 미래'라는 단어가 많은 사람들에게 큰 울림을 주었어. '오래된 것에 우리의 미래가 있다'라는 것을 알게 된 거야. 인도 북부의 라다크 사람들이 자연과 조화롭게 살아가는 과거의 방식에서 발견한 진리였지. 헬레나는 서부 히말라야 고원에 있는 라다크에 직접 찾아가서 빈약한 자원과 혹독한 기후 속에서도 생태적 지혜를 지키면서 천 년이 넘도록 평화롭고 행복한 공동체를 유지해 온 사람들의 비밀을 엿볼 수 있었어.

물론 서구식 개발로 인해 환경이 파괴되고, 젊은 사람들과 구시대적 전통이 부딪히는 사회적 분열도 보았지. 그럼에도 사회적, 생태적 재앙에서 우리의 미래를 지켜 낼 희망은 자연을 탐하는 개발이 아니라 옛 생활방식과 전통을 지키는 라다크적인 삶의 방식이라는 것을 깨달았대. 그들처럼 생명을 존중하고 이웃과 서로 협력하며 자연을 훼손하지 않고 살아가는 방식으로 살 수 있다면 우리 역시 그들의 여유로움과 행복을 느낄 수 있지 않을까?

나는 어떤 인류인가?

지구가 딱 100명이 사는 마을이라고 상상해 보자. 왜냐고? 100명의 사람으로 축소해서 지구 환경 문제를 대입해 보면 훨씬 그 심각성을 현실적으로 깨달을 수 있거든. 이를테면, 굶어 죽게 될 위험에 처한 아이가 11억 5,600만 명이라는 것보다 100명의 지구 마을 사람 중 무려 17명이나 먹을 것이 없어 죽을 수 있다고 이해하는 것이 훨씬 피부에 와닿으니 말이야. 지구라는 마을에서 함께 살아가는 주민으로서 그 심각성을 함께 공감하고 이해하면서 생각해 봐야 해.

"지구 마을에 사는 100명 가운데, 38명은 수도가 없는 곳에 살고 있으며, 14명은 글씨를 전혀 읽고 쓰지 못합니다. 10명은 하루에 2,200원도 안 되는 돈을 법니다. 24명은 전기가 없는 곳에 살며, 텔레비전을 가진 사람은 45명, 컴퓨터를 가진 사람은 22명뿐입니다."

—《지구가 100명의 마을이라면》 중에서

지금 우리가 어떻게 생활하고 있는지 생각해 봐. 나의 편리함을 위해 불편함을 참고 살아가는 많은 사람들이 있고, 그나마 그들 덕분에 지구 환경 파괴를 조금이라도 줄이고 있는 것에 대해 미안함과 고마움을 가져야 해. 발달한 도시 문명을 이용하고 살아가는 사람들이 자연으로부터 얻는 자원이 70퍼센트인데 반해, 가난한 나라 사람들은 고작 30퍼센트의 자원을 쓰고 있어.

그런데 버리는 쓰레기의 양 또한 부자가 70퍼센트를 차지한다는 사실, 그리고 30퍼센트밖에 안 되는 부자들이 가진 돈이 70퍼센트라는 사실도 알아 둬. 전 세계적으로 빈부격차는 더욱 심해지고 있지. 30퍼센트인 부자들이 쓰는 70퍼센트의 에너지로 인해 지구 온난화와 기후 변화가 일어나 수많은 지구 생명체가 각자 삶의 터전을 잃고 생존까지 위협받고 있어. 이렇듯 정작 환경을 망치는 건 부자들인데, 그에 따른 문제는 가난한 사람들이 겪고 있단다.

과학 문명의 이기를 하루도 빠짐없이 이용하고 지구 환경을 파괴해 온 선진국이 초래한 환경 문제는 가난하고 힘없는 사람들에게 더욱 가혹하게 다가가거든. 삶의 터전을 잃고 하루아침에 환경 난민이 되어 생존을 위협받는 아마존 원주민이나 아프리카 원주민 이야기를 들어 본 적 있을 거야. 이에 대한 책임은 바로 발전을 추구해 온 선진 국가에 있다는 인식을 가질 필요가 있어.

그러니 우리 스스로 지금 이 순간도 과도한 전기 또는 에너지를 쓰고 쓰레기를 배출하는 것, 또 너무 많은 음식을 만들고 너무 많이 버리고 있다는 사실에 반성해야 해. 이제라도 전 지구적 차원의 나눔과 환경을 위한 생활을 실천해 보면 어떨까? 우리는 이 지구에 잠시 머물다 가는 존재이며 자원 역시 미래 세대에게 빌려 쓰는 것이라는 사실, 그리고 적어도 그들이 살 수 있는 세상을 남겨 두어야 한다는 책임감을 잊지 말았으면 해.

그렇다면 어떻게 살아야 지속 가능한 지구 환경을 만들 수 있을까? 바로 사람이 지구에 사는 동안 자연에 남긴 영향인 생태 발자국을 살펴보면 알 수 있을 거야.

나의 발자취, 생태 발자국

자, 이번 지령에 나온 '생태 발자국Ecological Footprint'은 대체 무엇일까? 생태에 어떻게 발자국을 찍는다는 거지? 진짜 걸어 다니는 것도 아닌데 발자국 수를 셀 수 있다는 것도 흥미롭지.

생태 발자국은 1년 동안 경제 활동에 쓰인 자원을 생산적인 토지 면적으로 환산한 값이라고 해. 그러니까 개인이든 나라든 1년 동안 살면서 이룬 소비와 생산을 사는 면적과 비교하여 계산을 하는 거지. 단위는 '글로벌헥타르Global Hectare, gha'야.

그런데 땅은 한정적이고 자원도 정해져 있잖아. 자원을 많이

생태 발자국을 표현한 그림. 많은 면적을 차지할수록 지구 환경을 많이 사용하고 있다는 뜻이다. 인간 문명이 배출하는 탄소가 많은 생태 용량을 쓰고 있는 것을 알 수 있다.
(출처: 한국 생태 발자국 보고서 2016, 세계자연기금)

쓰고 인구가 늘어나면 자연스레 생산성이 줄어들게 되지. 그래서 자원을 아끼고 자연을 보호하는 생활의 변화가 매우 중요한 거야. 지속가능한 사회를 위해서는 생태 발자국을 줄여야 해.

사람이 지구에서 살면서 남길 생태 발자국의 면적은 얼마일까? 지구는 사막과 바다를 제외하면 1인당 약 1.8헥타르의 면적을 인간에게 제공하고 있는데, 지구 온난화와 환경 오염으로 사용하는 면적이 점점 넓어지고 있다고 해. 이 면적이 넓을수록 환경 문제가 심각하다는 뜻이야. 그것이 곧 인간이 지구에서 생활하면서 자연에 남긴 흔적이 되기 때문이지.

그런데 생태 발자국은 전 세계적으로 증가하고 있어. 특히 아시아 태평양 지역, 아프리카 지역, 그리고 남미 지역이 심각해. 그 이유는 인구가 많아지고 생활 환경이 서구화되며, 급격한 경제 발전이 이루어졌기 때문이야. 무려 아시아 태평양 지역에서는 1인당 생태 발자국이 2배 이상 증가했는데, 중국의 1인당 생태 발자국은 인도보다 5배나 커. 지역 간 그리고 국가 간 생태 발자국 규모가 매우 다르다는 것을 알 수 있어.

다시 설명하면 지구적 관점에서 볼 때 한 사람의 개인에게 주어지는 생물 용량은 1.8헥타르로 똑같아. 그러니까 주어진 환경 안에서 생산과 소비를 해야 지구 환경이 유지되는데 우리가 그 이상으로 지구 환경을 많이 써 버리고 파괴하면 모든 사람에게 자원을 공급할 수 없게 되는 거지.

생태 발자국은 지구에 사는 개인, 지역 사회, 도시, 국가 및 전 인류가 하는 모든 활동을 담고 있고, 모든 규모에서 측정할 수 있어. 표준화된 헥타르로 알 수 있기 때문에 각 나라별로 비교를 할 수 있지.

소비는 생산하는 것에서 수출을 빼고 수입을 더해서 계산을 하지만, 생태 발자국은 생산성을 소비로 나누어서 계산해. 또한 토지의 비옥도에 따라서 계산을 한단다. 이를테면 농경지는 일반적

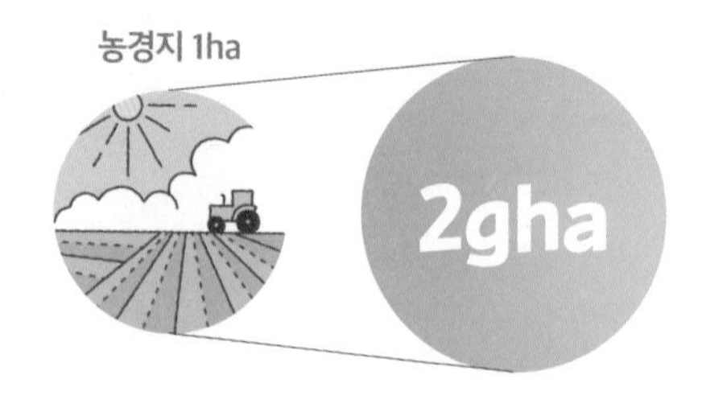

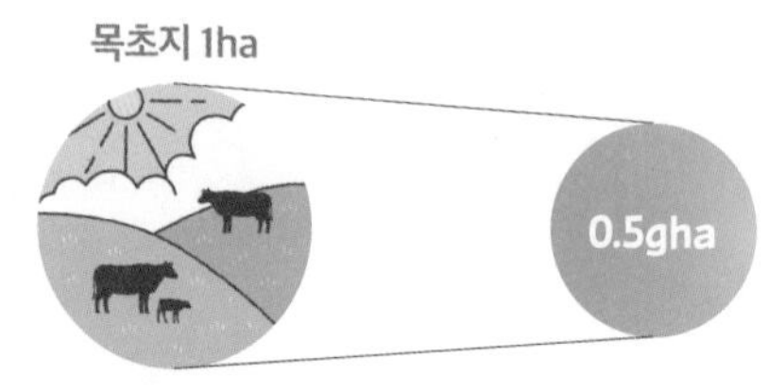

생태 발자국을 측정하는 법(출처: 한국식물학회)

인 목초지에 비해 더 생물학적 활동이 많고 더 많이 환경을 재생시키기 때문에 같은 1헥타르의 면적이라도, 비옥한 농경지의 글로벌헥타르 값은 일반 목초지의 글로벌헥타르 값보다 높게 책정해. 반대로 설명하면, 같은 양의 생태 용량을 채우기 위해서는 농경지보다 목초지가 더 많은 면적이 필요하다는 것을 의미하지. 좀 이해가 되니?

생태 발자국으로 인류세의 흔적 찾아 보기

생태 발자국을 따라가 보면 우리가 남길 인류세의 흔적을 유추할 수 있을 거야. 그래서 지구가 가진 생태 용량과 생태 발자국을 비교하면 지구의 미래를 예측할 수 있어.

지구는 은행과 같아. 저축 없이 은행 잔고를 마구 빼서 써 버리거나 빌려 쓰기만 하면 이자가 불어서 결국 파산을 하듯, 지구가 가진 생태 용량을 초과해서 쓰면 문제가 생겨. 그래서 지구에서의 행위가 생산적인지 소비적인지 그 차이에 따른 지구환경 변화를 알 수 있지. 물론 인구 변화나 전쟁, 경제 위험과 지역 간 분쟁 같은 요소들이 영향을 줄 수 있어. 전 지구적 차원에서 볼 때 지구가 가진 생태 자원을 무자비하게 쓰다 보면, 수산 자원이 고갈되고 산림이 훼손되며 생물 다양성이 감소하고 기후 변화를 일으키게 되지.

적어도 1970년대 이전까지는 농업 생산성이 늘어나면서 지구 생태 용량이 증가되었어. 지구는 한 해 동안 소비하는 양보다 더 많은 양의 자연 자원과 서비스를 생산했던 거지. 그런데 인구가 늘어나면서 1인당 생태 용량은 지속적으로 감소 중이야. 지난 반 세기 동안 인류는 지구의 생태 용량보다 더욱 많은 자연 자본을 쓰면서 생태 발자국을 지속적으로 늘려 왔던 거야.

그중 생태 발자국의 하나인 탄소 발자국은 엄청난 속도로 늘어나서 1961년과 비교했을 때 약 3배 이상 증가했어. 여기서 탄소 발자국은 인류가 발생시키는 이산화탄소 등의 온실 가스 물질의 총량을 나타낸 것으로, 온실 가스 물질이 지구의 기후 변화에 미치는 영향을 알 수 있는 지표란다.

한마디로 말하면 인류의 생태 발자국은 이미 지구가 가진 생태 수용 능력을 초과하고 있기 때문에 생태 적자 상태이고, 이렇게

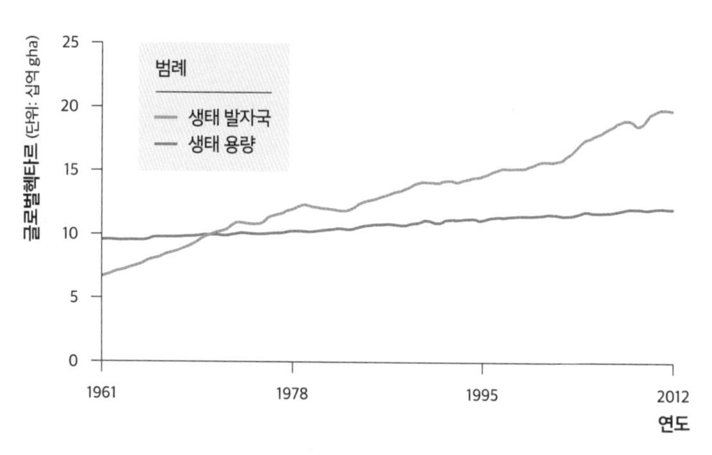

전 세계 생태 용량과 생태 발자국의 변화를 나타낸 표.
생태 발자국이 가파르게 생태 용량을 넘어서고 있다(출처: 한국 생태발자국 보고서 2016).

지구 생태 용량 초과의 날을 맞아 시위를 진행 중인 독일 시민들의 모습.
미국의 환경연구단체인 지구 생태 발자국 네트워크(Global Footprint Network, GFN)가
매년 인간이 그해 주어진 지구 생태 용량을 모두 소진하는 시점을 계산하여
1980년대 초부터 발표한 것에서 시작되었다(출처: 위키피디아).

지속되면 결국 은행 예금이 바닥나서 파산하는 것처럼 지구도 파멸할 수 있다는 뜻이야.

그래서 생태 발자국은 매우 중요한 의미가 있어. 지구가 한 해 동안 생산할 수 있는 자연 자본의 생태 용량을 초과하는 인류의 수요가 발생한 날을 '지구 생태 용량 초과의 날Earth Overshoot Day'로 지정하고 각 나라들은 국제 협약을 통해서 지구 생태 용량을 줄이기 위한 노력을 하고 있단다.

지구가 가진 생태 용량은 충분할까? 부족하다면 얼마나 필요

한 거지? 과학 기술로 지구 생산력을 높이면 되잖아? 아마도 많은 의문점이 있을 거야.

그런데 여기서 변하지 않은 사실은, 지구는 하나뿐인데 그 안에 사는 인구는 점점 늘어나고 있고, 편리함을 추구하는 현대인의 생활은 자원을 남용하고 환경을 파괴하는 방식으로 나아가고 있다는 것이란다. 전 세계 인구는 1961년에서 2012년 사이에 30억에서 70억까지 2배나 증가했고, 자연 자본에 대한 세계 총 수요는 1961년보다 2012년에 186퍼센트나 증가했다고 해.

이 수치는 1961년에는 지구 1개로 모든 인구가 필요한 자연 자본의 수요량을 충분히 공급할 수 있었지만, 2012년도에는 모든 인류를 부양하기 위해서 1.6개의 지구가 필요해졌다는 것을 의미하는 거야. 또한 1961년의 사람들보다 2012년에 사는 더 많은 수의 사람들이 더 적은 양의 자원을 두고 경쟁하고 있다는 것을 의미해. 그것은 결국 자연 환경이나 기후 조건이 열악한 가난한 나라와 그 국민들의 삶이 힘들어 진다는 뜻이야. 예를 들자면 전 세계 인구가 모두 생태 발자국 9.6헥타르인 미국 사람들처럼 산다면 지구가 무려 9개 반 이상이 필요하지!

나라마다 사용하는 생태 발자국 수에 따라서 빚을 가지고 있는지 여부를 따지기도 해. 지구가 가진 생태 용량 내에서 자연 자본

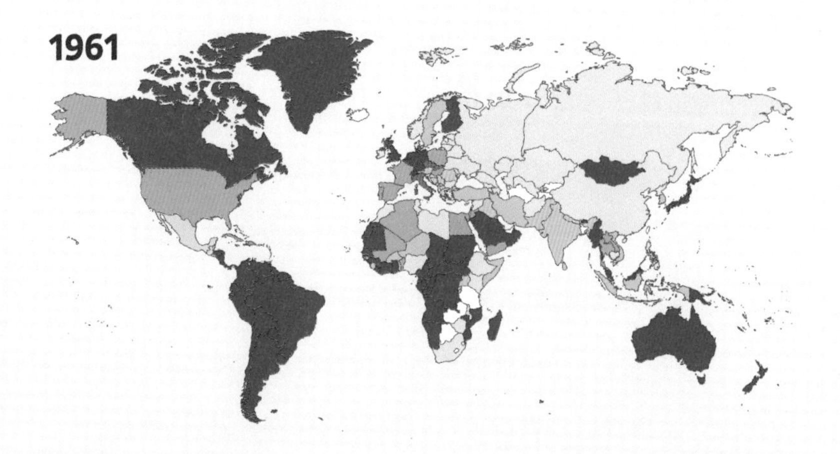

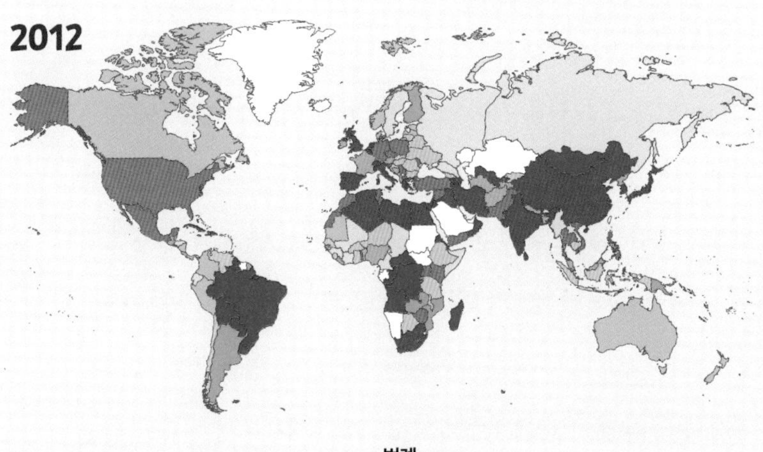

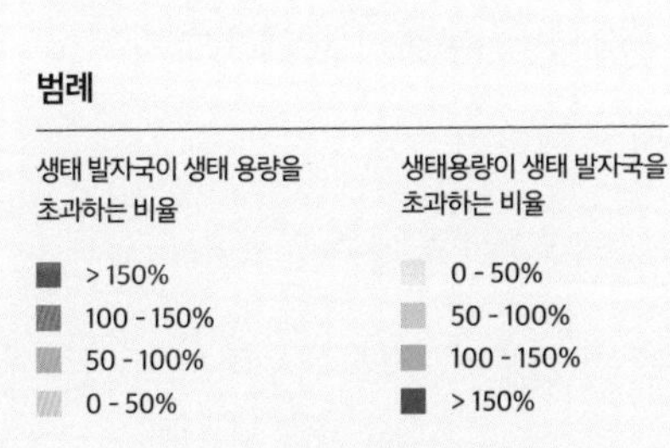

1961년과 2012년의 생태 채권국과 채무국을 표시한 분포도.
1961년에 비해 붉은 색인 채무국이 더 많아진 것이 눈에 띈다.
채무국은 채권국에서 생태 용량을 수입해 이산화탄소 배출과 대기 오염 등을 해소한다.
(출처: 한국식물학회)

을 공급하는지, 수요를 초과하는지에 따라 생태 채권국과 생태 채무국으로 나눠. 생태 용량이 생태 발자국보다 크면 생태 채권국이고 생태 발자국이 생태 용량을 초과하면 생태 채무국이지.

쉽게 설명하자면, 자연이 주는 용돈인 생태 용량을 미리 다 써 버리고 저금통에 있는 것을 미리 당겨 쓰는 국가는 생태 채무국이고, 생태 용량을 오히려 불리고 있는 국가는 생태 채권국이라는 뜻이야. 그럼 생태 채권국이 무조건 좋은 것일까? 그만큼 환경 자원을 덜 사용한다는 뜻이기도 하지만, 동시에 발전이 덜 된 국가라는 뜻이기도 하지.

1961년과 2012년을 기점으로 1961년에는 생태 채권국에 사는 인구 비율이 31억 명 중 13억으로, 43퍼센트였어. 그런데 생태 용량을 지속적으로 초과해 온 결과, 2012년에는 전 세계 인구 71억 명 중 61억인 86퍼센트의 인구가 생태 채무국에 살고 있지. 결국 발전을 추구하는 나라들 사이의 경쟁과 무분별한 자원 고갈로 인한 환경 파괴 때문에 지구에 살고 있는 대부분의 인류는 빚쟁이가 되었어.

우리나라의 경우도 1961년에는 생태 채권국이었으나 1960년대 후반부터 생태 채무국으로 살아가는 중이야. 게다가 전 세계 국가들이 교류하게 되면서 생태 적자인 국가들이 외부로부터 필요한 자연 자본을 들여와 더욱 환경을 악화시킬 뿐만 아니라, 나라 간 환경 격차를 더 벌리고 있어. 한정된 자원을 서로 확보하기 위해 더욱 치열한 경쟁을 하고 있거든.

그렇다면 우리나라의 생태 발자국은 과연 얼마일까? 조사 결과에 의하면 한국인에게 주어진 생태 용량은 1인당 0.7글로벌헥타르인 반면, 한국인이 남기는 생태 발자국은 1인당 5.7글로벌헥타르라고 해. 한국의 생태 자원을 지속가능한 상태로 유지하기 위해서는 적어도 지금보다 8.4배나 큰 땅이 필요하대.

지금처럼 생활을 유지하기 위해서는 인구가 줄어들거나 땅이 커져야 하는데 그럴 수 없으니, 결국 우리의 생활을 친환경적으로 바꿔야겠지? 우리 모두 각자의 생태 발자국을 줄여서 한정적인 땅에서 생태 용량을 초과하지 않도록 노력해야 해. 우리나라처럼 좁은 땅에서 많은 인구가 현대인의 문명을 누리며 산다는 것은 그만큼 환경 파괴가 가속되고 있다는 뜻이니, 우리보다 더 넓은 땅에서 더 잘 사는 나라에 비해 생태 발자국이 높을 수밖에 없어.

이제 전 지구적으로 인류의 생태 자원 소비를 줄여야만 한다는 위기감을 느끼고 있어. 어떤 특정 나라만의 문제가 아니고 전 세계 모든 나라와 사람들의 문제라는 점 또한 깨닫게 된 거야.

그래서 1992년에 리우데자네이루 지구 정상회의에서 기후 변화 협약을 의결하게 돼. 대기 중에 배출되는 이산화탄소가 지구 평균 온도에 직접적인 영향을 미친다는 사실에 주목한 거야. 지구가 더워지고 있다는 것은 곧 생태계를 위협한다는 뜻이니까. 그 후 구체적인 행동 지침을 결의한 교토의정서를 1997년에 만들었고, 인류 모두 함께 지켜내려고 노력하고 있어.

또한 생태 발자국의 60퍼센트를 차지하는 화석 연료 등의 사용으로 발생하는 탄소 발자국을 줄이기 위해 2015년에 200개 나라가 파리 기후 협약을 맺어 합의했어. 전 세계가 지구의 평균 온

195개국이 합의하여 파리 협정이 성사되자 각국 정상들이 환호하고 있다. 2020년에 미국이 공식 탈퇴했으나 세계 탄소 배출 87퍼센트를 차지하는 200여 개 국가가 협정을 지켜 나가고 있다(출처: 위키피디아).

도 상승을 1.5~2도 이내로 줄이자고 약속한 거지. 우리나라도 2030년까지 배출이 예상되는 탄소의 37퍼센트 가량을 줄이기로 약속했어.

그러기 위해서는 나라 전체적으로 화석 에너지를 재생 에너지로 바꾸고 온실 가스를 줄이는 목표를 달성하기 위한 정책을 펴고 실천해야만 해. 국민 모두가 늘 해 오던 일상생활이 우리나라의 생태 발자국에 영향을 준다는 책임감을 가지고 동참해야겠지? 다 함께 친환경적인 생활 방식을 실천해 보자! 약속은 지키기 위해 하는 것이고, 또 지켜야 하는 기본적인 양심이니까.

지구 환경을 위한 행동과 실천 가이드

생태 발자국을 줄이기 위한 방법

지금부터 우리들의 일상을 들여다보려고 해. 오늘도 우리는 생태 발자국을 찍었어. 아침에 일어나서 세수하고 수세식 화장실을 이용하는 것부터 우리의 편리함을 에너지가 대신하고 있거든. 전기 에너지가 우리 집 화장실까지 수돗물을 보내 주고, 우리가 사용하는 따뜻한 물은 더 많은 에너지원을 필요로 하기 때문에 그 과정에서 매연을 내뿜지.

물 뿐 아니라 먹는 것 또한 지구 반대편의 나라에서 온 식재료들을 많이 사용하다 보니 생태 발자국이 더욱 늘어나고 있어. 오죽하면 비행기를 탈 때 주는 마일리지처럼 나라 간 먹거리의 유통 거리를 '푸드 마일리지'라고 하겠어?

나의 생태 발자국은 얼마일까? 이쯤 되면 궁금하기도 하고 책임감도 느껴지지? 그렇다면 다음 홈페이지 (www.footprintnetwork.org)에 들어가서 퀴즈를 풀고 점수로 확인해 봐.

영어로 되어 있어서 어려울 수 있으니 아래에 한글로 정리해 둘게. 나의 생태 발자국처럼 살아갈 때 얼마만큼의 지구가 있어야 하는지 알 수 있을 거야.

나의 생태 발자국 지수 알아보기

내가 평소처럼 생활하면 얼마만큼의 토지가 필요한지 생태 발자국으로 계산해 보고, 지구 사람들이 나와 같다면 몇 개의 지구가 필요한지 알아보자.
(괄호 안의 점수를 모두 더한 것이 생태 발자국 지수)

1. 함께 사는 가족은 총 몇 명인가요?
   ① 1명(30) ② 2명(25) ③ 3명(20) ④ 4명(15) ⑤ 5명 이상(10)

2. 집에서 난방 연료로 무엇을 사용하나요?
   ① 도시가스(30) ② 전기(40) ③ 석유(50) ④ 신재생에너지(0)

3. 우리 집에서 사용하는 수도꼭지와 화장실 변기는 모두 몇 개인가요?
   ① 2개 이하(5) ② 3~5개(10) ③ 6~8개(15) ④ 9~10개(20)
   ⑤ 11개 이상(25)

4. 어떤 집에서 살고 있나요?
   ① 아파트(20) ② 단독 주택(40)

5. 채식주의자인가요?
① 예(0) ② 아니오(50)

6. 일주일에 몇 번 집에서 음식을 만들어 먹나요?
① 9번 이하(25) ② 10~14번(20) ③ 15~18번(15) ④ 19번 이상(10)

7. 장을 볼 때 국산 식재료를 구입하나요?
① 예(25) ② 때때로(50) ③ 모름(75) ④ 아니오(125)

8. 집에 몇 대의 자동차가 있나요?
① 없음(5) ② 1대(25) ③ 2대(50) ④ 3대(75) ⑤ 4대 이상(100)

9. 등교할 때 주로 어떤 교통수단을 이용하나요?
① 걸어서 또는 자전거(0) ② 대중교통(25) ③ 자동차(50)

10. 가장 최근에 다녀온 휴가지 혹은 여행지는 어디인가요?
① 한동안 가지 않음(0) ② 살고 있는 지역(10)
③ 살고 있는 지역 외(30) ④ 가까운 해외(40) ⑤ 그 외 해외(70)

11. 여름방학에 야외로 놀러 나간 적은 평균 몇 번인가요?
① 한동안 가지 않음(0) ② 1~3회(10) ③ 4~6회(20)
④ 7회 이상(30) ⑤ 10회 이상(40)

12. 지난 1년 동안 집에서 새로 산 대용량 가전제품은 몇 개인가요?
① 없음(0) ② 1~3개(15) ③ 4~6개(30) ④ 7개 이상(45)

13. 집에서 배출하는 쓰레기의 양을 줄이려고 노력한 적이 있나요?
① 예(0) ② 아니오(30)

14. 집에 있는 화장실 변기가 재래식인가요?
① 예(0) ② 아니오(20)

15. 평소에 재활용을 위한 분리 배출을 잘 실천하고 있나요?
① 예(0) ② 아니오(20)

16. 집에서 일주일마다 사용하는 10리터 용량 쓰레기봉투는 몇 개인가요?
① 0개(0) ② 2분의 1개(5) ③ 1개(10) ④ 2명(20) ⑤ 3개 이상(30)

나의 생태 발자국 지수 결과는?

70점 이하

생태 발자국 지수: 2ha 이하
세상 모든 사람이 당신처럼
산다면 1개의 지구만으로 충분합니다.

70-150점 사이

생태 발자국 지수: 2-4ha
세상 모든 사람이 당신처럼
산다면 2개의 지구가 필요합니다.

151-350점 사이

생태 발자국 지수: 4-6ha
세상 모든 사람이 당신처럼
산다면 3개의 지구가 필요합니다.

351-550점 사이

생태 발자국 지수: 6-8ha
세상 모든 사람이 당신처럼
산다면 4개의 지구가 필요합니다.

551-750점 사이

생태 발자국 지수: 8-10ha
세상 모든 사람이 당신처럼 산다면 5개의 지구가 필요합니다.

설문을 해 보았니? 점수가 낮을수록 좋은 거야. 시험처럼 생각하고 점수가 높게 나와서 좋아했다고? 점수가 높을수록 더 많은 지구가 필요한 사람이라고 해.

70점 이하면 생태 발자국 지수가 2헥타르 이하로 세상 사람들이 한 개의 지구로 살 수 있어. 70~150점 사이는 생태 발자국 지수가 2~4헥타르여서 2개의 지구가 필요하지. 151~350점 사이는 지구가 3개나 있어야 살 수 있는데, 생태 발자국 지수는 4~6헥타르지. 351~550점 사이는 세상의 모든 사람들이 이런 점수라면 4개의 지구가 필요하고, 생태 발자국 지수는 6~8헥타르야. 그렇다면 최고점인 551~750점 사이는 얼마나 많은 지구가 필요할까? 놀라지 마! 무려 5개의 지구가 필요하고 이들의 생태 발자국 지수는 8~10헥타르라고 해.

설마 지구 특공대원인데 적어도 150점 이하는 되는 거지? 혹시 점수가 높아서 깜짝 놀랐다면 이제부터라도 나의 생태 발자국을 줄이는 노력을 해야 할 거야. 생태 발자국을 줄이는 일은 거창한 일도 아니고 대단히 어려운 것도 아니야. 조금의 불편함을 감수하고 잘못되었던 습관을 고치려고 노력하고 지구와 지구에서 사는 이들을 생각하면서 생활하면 돼.

그래도 구체적으로 알려달라고? 그건 나 역시 특공대원 여러분의 생활을 자세히 알 수 없어 구체적으로 말해 주긴 어렵지만, 설문을 해 보면 어떻게 생활해야 하는지 감이 올 거야. 무슨 말이냐고? 이 설문의 질문 내용을 잘 보면 예문에서 가장 점수가 낮은 것이 정답인 걸 알 수 있어. 그러니까 각 예문의 정답을 실천하다 보면 자연스레 생태 발자국 점수가 낮은 친환경 생활을 실천할 수 있거든.

그럼 바로 오늘부터 생활 속에서 실천에 옮겨 볼까? 우리에게 유일한 단 하나의 지구를 지키려면 말이지. 친환경 생활 실천만이 지구를 살리는 길이라는 것을 잊지 말도록 해.

지구 환경을 지키는 5가지 행동 강령 중 각자 한 개의 약속을 정해 두고 실천해 보기로 합시다. 지구 특공대원들은 모두 지구 환경 행동 강령 5가지를 꼭 기억하고 지구 환경을 지키는 데 힘을 모아 실천하기로 약속합시다!

1. 소중한 생명의 물, 아껴 쓰기

생명을 살리고 유지하는 데 꼭 필요한 물! 산업 활동에도 물은 반드시 필요합니다. 그러나 우리가 너무 많은 물을 사용하고 있다는 사실을 알고 있나요?

게다가 물을 오염시키면 물을 정화하기 위해 더 많은 물과 에너지를 사용해야 하죠. 물이 우리집까지 오는 데는 에너지도 함께 사용된다는 것을 잊지 마세요. 그리고 물은 무한한 자원이 아니고 유한한 자원이라는 사실도 말이죠.

약속 하나, 양치질, 세수, 샤워할 때 물을 받아서 사용하자.

2. 호랑이는 죽어서 가죽을 남기고 사람은 이름을 남긴다고? 아니! 인간은 쓰레기를 남긴다

쓰레기는 애초에 만들지 않는 것이 최선입니다. 그러나 사람이 살면서 쓰레기를 남기지 않을 수는 없는 법! 조금만 신경 쓴다면 줄일 수는 있습니다.

하루 동안 얼마나 많은 쓰레기를 버리고 있는지, 그렇게 버린 쓰레기가 어떻게 처리되고 있는지 생각해 봐야 해요. 소각장이나 매립장으로 보내진 쓰레기의 책임은 누구일지도 생각해 보세요. 우리 눈앞에서 사라진 쓰레기는 그대로 없어진 것이 아니라 다른 지역의 땅과 공기와 물을 오염시키고 결국은 우리 자신까지 오염시키고 있어요.

약속 둘, 과대 포장된 상품은 사지 말고
재활용을 위해 분리수거를 철저히 하자.

3. 가장 좋은 에너지원은 절약 실천

친환경적인 에너지를 쓰는 것은 전기 절약부터 시작입니다. 전기가 만들어져서 우리가 사용하기까지 산림 파괴, 대기 오염, 수질 오염, 생태계 교란, 지구 온난화, 기후 변화 등 수많은 환경오염 문제가 뒤따릅니다. 정부는 기존의 화석 연료와 핵발전소에 의존한 전력 정책에서 태양광이나 풍력과 같은 재생 에너지 정책, 수요 관리 위주의 에너지 정책을 펴야 하죠. 지구 특공대원 여러분은 전기 절약을 생활화하는 습관을 몸에 익혀서 실천해 보아요.

약속 셋, 컴퓨터 등 전자제품을
사용하지 않을 경우엔
플러그를 뽑아 놓아 대기 전력을 줄이자.

4. 일회용품으로 몸살 난 지구를 구하라!

일회용품이 넘쳐나는 세상이죠. 일회용 비닐, 일회용 도시락, 일회용 장갑, 일회용 기저귀, 일회용 칫솔, 일회용 컵, 일회용 수저. 이러다가는 사람도 일회용으로 쓰고 버리게 되는 날이 오지 않을까요?

사실 일회용 제품은 결코 일회용이 아닙니다. 사용은 한 번뿐이지만 그것은 몇 백 년이 지나도 썩지 않고 지구에 남아있으니 말이죠. 편리함은 대가로 엄청난 책임감을 요구합니다. 우리가 버린 쓰레기를 다음 세대, 그다음 세대까지 대물림하니까요. 쓰레기를 유산으로 남긴다면 얼마나 부끄러운 일일까요? 우리가 사는 하나뿐인 지구도 일회용이라고 생각하고 있는 건 아닌가요?

약속 넷, 개인 컵을 사용하고
배달 음식보다 개인 재사용 용기로 포장하자.

5. 편리하고 이기적인 교통습관을 바꾸자

교통은 현대인의 필수적인 수단이죠. 하지만 대기 오염, 자동차 소음, 에너지 낭비, 세차 시 수질 오염, 도로 건설로 인한 생태계 파괴 등, 교통으로 인해 발생하는 환경 문제는 한두 가지가 아닙니다. 편리함만 추구하는 이기적인 교통 습관은 환경을 고통스럽게 합니다.

가까운 거리는 걷거나 자전거를 이용하고 대중교통을 타는 교통 문화가 확산되어야 합니다. 꼭 승용차를 이용해야 한다면 카풀로 함께 나누고 전기차나 수소차처럼 환경 친화적인 자동차를 이용해야 하죠.

그리고 한 가지 더! 건강하고 안전한 먹거리는 미래를 지키는 일이에요. 미래 세대 청소년의 건강은 바로 어떤 안전한 먹거리를 먹는 가에 달렸어요. 어떤 음식을 먹고 자라느냐는 사람의 건강을 물론, 성격을 결정짓는 요인이라고 해요.

우리가 먹고 있는 먹거리는 이미 농약, 화학 첨가물에 노출되어 있고 이제는 환경 호르몬, 다이옥신, 유전자 조작, 온갖 오염물질들로부터 안전하지 않죠. 우리가 건강해지기 위해서 먹는 음식이 오히려 우리의 건강을 위협하고 있어요.

특히 그런 물질들의 영향은 우리 세대가 아니라 다음 세대에 가서야 피해가 나타나므로 더 큰 문제입니다. 그만큼 우리의 식탁은 위험에 직면해 있죠. 이제 우리가 일상적으로 먹는 음식물 하나하나에 관심을 가지고 안전한 먹거리로 건강을 지켜야 해요.

추가 약속, 화학 첨가물이 든
즉석 가공 식품을 사 먹지 맙시다.

'햄릿의 선택', 친환경 생활 실천은 누구나 반드시 해야만 하는 죽고 사는 일!

고전 문학은 잘 몰라도, "죽느냐 사느냐 그것이 문제로다!"라는 말이 햄릿이 남긴 유명한 대사인 것쯤은 모두 알고 있을 거야. 과학책에서 갑자기 햄릿 이야기냐고? 왜냐하면 지금 지구 환경 문제는 햄릿의 상황만큼 절체절명의 상황이기 때문에, 환경 문제 역시 죽고 사는 문제라는 것을 말하고 싶었어.

다시 이 말을 풀어 보면 환경 문제는 좋고 싫은 기호의 문제가 아니고 살기 위해서는 누구나 반드시 실천해야 하는 일이라는 거야. 또한 지구 환경을 위해서 해야만 하는 친환경적 생활 실천

우리가 죽느냐, 사느냐는
지구 환경을 지키는 데
달려 있어!

은 하기 싫으면 안 해도 되는 일, 나 아닌 다른 사람이 대신 해 주면 좋은 일 같이 선택의 문제가 아니라는 것을 꼭 잊지 말아야 해.

또한 다른 사람들이 불편함을 감수하고 친환경 생활 습관을 지킬 때 나는 편리함을 추구하고 생활 습관을 고치지 않으면서 지구 환경은 깨끗하고 안전하게 유지되길 바라는 태도 역시 안 돼. 친환경 실천을 하는 사람들에게 무임승차해서는 안 된다는 뜻이야. 우리 모두가 지구에서 사는 사람으로서 햄릿의 말처럼 죽고 사는 일이자 살기 위한 나의 문제로 친환경 생활을 실천해야 한다는 의미로 사용해 보았어. 그것이 바로 지구가 살고, 우리가 사는 길이라는 것을 반드시 명심했으면 해.

그렇지만 혹시 이 책을 읽으면서 스스로 지구 환경에 피해를 주고 있다는 죄책감을 가지는 건 아닌지 조심스러워. 그럴 필요는 없어. 현대인이 살아가는 데 있어서 환경을 이용하고 어느 정도 파괴하는 것은 어쩔 수 없는 일이기도 하니까.

우리를 둘러싼 환경에는 눈에 보이는 '유형의 환경'과 눈에 보이지 않는 '무형의 환경'이 있어. 유형의 환경은 우리가 안전을 위해 개발한 건축물이나 방파제, 등대 등 환경에 대처하기 위한 것들이야. 어쩌면 도로 건설은 생태계나 자연을 일부 파괴할 수도 있지만 한편으론 우리가 안전하게 살도록 해 주고, 경제 활동에 있어 물류 이동을 도와 에너지를 줄이기도 해.

궁극적으로 환경 파괴와 보호는 양면이 있기 때문에 옳고 그름을 단순하게 판단할 수는 없어. 다만 개발을 할 때 반드시 공식적으로 거주민들의 의견과 전문가의 소견을 반영한 환경 영향 평가를 통해서 진행해야 한다는 점과, 자연 환경 보호를 고려한 최소한의 개발과 지속가능한 개발을 원칙으로 한다는 것을 강조하고 싶어.

그렇다면 보이지 않는 무형의 환경은 무엇일까? 자연 환경 외에도 집과 같은 인공 환경 그리고 종교, 법규, 학칙과 같은 사회가 정한 약속이나 규율, 그리고 가족과 친구 등 인간관계가 있어. 그러니 우리 스스로 우리가 살고 있는 환경을 잘 지키는 일은 바로 옆의 소중한 사람을 챙기는 일이기도 해. 서로 따뜻한 마음을 나누고 양보하고 상처를 주지 않고 다독이면서 함께 도우면서 살아가는 세상을 만드는 사람이 되는 거지.

세상은 혼자 살아갈 수 없고 함께 더불어 살아가야 해. 누가 더 잘나고 못난 것도 없어. 그러니 왕따를 시키거나 악플을 달아서 남의 마음에 상처를 주면 안 되겠지. 그런 행동은 언젠가는 부메랑처럼 여러분 자신에게 돌아올 수도 있음을 명심하길 바라. 지구 지층에 남기는 인류세의 흔적이 화석이라면, 눈에 보이지 않는 인류세의 흔적은 아마도 사람들에게 기억되는 '인간성'이 아닐까?

자! 그렇다면 지구 특공대원에게 마지막 미션인 행동 지령을 줄 테니 반드시 임무를 수행하도록 하자. 그것은 바로 '나 자신을 믿고 사랑하자!'란다.

옆의 친구가 경쟁자가 되고 점수와 등수로만 내 능력을 인정받는 사회가 아니었으면 해. 누구든 무궁무진한 내 안의 가치를 보여 줄 수 있는 기회가 많았으면 좋겠어. 나의 개성이 존중받고 인정받고 내 자신이 만족할 수 있을 때 행복한 나와 만날 수 있지 않을까?

이기주의와 경쟁에 내몰리지 않고 함께 즐거운 일을 하면서 행복해 질 수는 없는 것일까? 인간뿐만 아니라 지구의 다른 생물체들과 더불어 살아가야하니까 말이야. 나를 응원하고 지지하는 누군가가 있다는 것, 그리고 무엇보다 바로 나 자신이여야 한다는 것을 잊지 마.

자, 그럼 지금 거울을 보고 활짝 웃으며 내 머리를 쓰담쓰담해 봐. 그리고 이렇게 이야기해 봐.

"오늘도 너 참 수고 많았어. 생명을 사랑하고 지구 환경을 소중히 생각하는 그 마음처럼 너 자신도 사랑하고 칭찬하고 응원하고 믿어 주자!"